DU FUCHSIA.

DIVISION DE L'OUVRAGE.

PARIS. — IMPRIMERIE DE FAIN ET THUNOT,
Rue Racine, 28, près de l'Odéon.

DU FUCHSIA,

SON HISTOIRE ET SA CULTURE,

SUIVIES

D'UNE MONOGRAPHIE

CONTENANT 300 ESPÈCES OU VARIÉTÉS ;

Par M. F. P**,**

Président de la Société d'Horticulture d'Orléans,
Chevalier de la Légion d'honneur,
Membre correspondant de la Société royale d'Horticulture des Pays-Bas,
de celle de Malines, etc., etc.

PARIS.
AUDOT, ÉDITEUR DU BON JARDINIER,
RUE DU PAON, 8, ÉCOLE DE MÉDECINE.

1844

DU FUCHSIA.

LE FUCHSIA EST DE LA FAMILLE DES ŒNOTHÉRÉES OU ONAGRARIÉES, TRIBU DES FUCHSIÉES.

Fuchsia. Plumier gen. 14. — *Lam. illust. t.* 282. — *Octandrie-Monandrie de Linné.*

CARACT. GÉN. — Calice coloré infundibuliforme quadrifide, adhérent à l'ovaire, se prolongeant au-dessus en un tube légèrement renflé, articulé avec cet ovaire inférieurement, et décidu après l'anthèse; pétales 4, insérés au haut du tube, alternes avec les lobes, rarement O; étamines 8 insérées à la même hauteur, souvent saillantes, quelquefois au contraire presque sessiles; anthères oblongues attachées par le dos à l'extrémité des filets; style filiforme, stigmate capité; ovaire infère quadriloculaire; baie oblongue ou globuleuse quadriloculaire polysperme. — Arbres ou sous-arbrisseaux croissant dans l'Amérique et la Nouvelle-Zélande.

CHAPITRE PREMIER.

Documents historiques. — Réflexions générales.

L'histoire du Fuchsia est peu connue : quelques documents historiques formeront une introduction convenable à la monographie de ce genre de plantes, et seront, du moins nous l'espérons, lus avec intérêt.

La première espèce de Fuchsia fut observée, à la

fin du dix-septième siècle, par le père Plumier, religieux minime. Ce savant botaniste, né à Marseille en 1616, mourut à Cadix en 1706, alors que pour la quatrième fois, et sur l'invitation de Fagon, médecin du roi, il se rendait en Amérique pour y examiner l'arbre qui produit le quinquina, *cinchona condaminea.* Créateur du genre, il en fit la dédicace au Bavarois Fuchs, botaniste comme lui, et à qui la science est redevable d'une histoire des plantes. On le voit en consigner la première indication dans un de ses écrits publié en 1703 sous le titre de *Nova plantarum Americanarum genera.* Le genre Fuchsia comprenait alors une seule espèce, celle découverte par l'auteur, *F. triphylla flore coccineo.*

Depuis, des explorations faites par de zélés collecteurs ont progressivement enrichi les herbiers et les serres. C'est ainsi qu'on vit apparaître en 1788 les *F. coccinea*, provenant du Chili; — *lycioïdes* en 1796; — *excorticata* en 1821; — *gracilis* ou *decussata* en 1823; — *microphylla* en 1827; — *fulgens* en 1835; — le *corymbiflora* fut introduit de graines en 1839, par Standish, célèbre horticulteur anglais; le Manuel du Jardinier de Noisette (Paris, 1825) avait donné la description de six espèces de *Fuchsia*, et trois autres figurèrent dans le supplément paru en 1835. L'Encyclopédie méthodique, dans sa partie botanique et le supplément, décrit douze espèces de *Fuchsia.* Survint M. De Candolle, dont le Prodromus contint la description de vingt-six espèces, nombre qui fut porté à trente-quatre par le docteur David Diétrich (*Synopsis plantarum*. 1840. *Weimar*). Si à ce chiffre on ajoute les *F. cordifolia*, *mexicana* et *splendens*, qui ne sont pas compris dans ce dernier ouvrage, on aura le nombre des diverses espèces botaniques connues jusqu'à ce jour.

Le Fuchsia se plaît dans les lieux ombragés et humides, au milieu des forêts ou sur les montagnes élevées de l'Amérique méridionale. On le rencontre notamment dans le Mexique, le Pérou, le Chili ; la Zélande toutefois nous a donné les *F. excorticata* et *procumbens*.

Miers a trouvé le *F. radicans* dans les montagnes des Orgues, au Pérou, à 1000 mètres au-dessus du niveau de la mer.

Le *F. cordifolia* ou *cordata*, habite le Zetuch, volcan du Guatemala, à 300 mètres d'élévation, où il a été vu par M. Hartweg.

C'est encore à ce botaniste qu'appartient la découverte du *F. splendens* (Species). Il l'a observé sur le mont Totontepeque, à plus de 3,000 mètres, dit-il, au-dessus du niveau de la mer. Pour le *F. corymbiflora*, introduit, ainsi que nous l'avons dit, page 2, il a été découvert par les auteurs de la flore du Pérou, MM. Ruiz et Pavon, dans les bois de Cinchao et de Numa, au nord de Lima.

Nous ne possédons aucun renseignement particulier sur le *F. fulgens*, on sait seulement qu'il est originaire du Mexique. Apparu en Angleterre dans l'année 1837, l'horticulture française l'a possédé au mois de juin de l'année suivante; époque à laquelle M. Audot en a présenté le premier individu en fleurs à la Société royale d'horticulture de Paris, où il fit sensation.

L'introduction du *F. fulgens*, et bientôt celle des *F. corymbiflora* et *cordifolia* ont ouvert en quelque sorte une nouvelle ère à l'horticulture, en ce qui a trait au Fuchsia. Aux anciennes espèces à petites fleurs que nous avons citées plus haut, et qui sont aujourd'hui presque généralement abandonnées, en ont succédé d'autres à large feuillage et à longues fleurs.

Les Anglais ont été les premiers en possession des belles espèces venues du Mexique. Ils ont compris tout le parti qu'ils pouvaient en tirer, et alors qu'ils répandaient en profusion et à des prix élevés sur le continent leurs multiplications, déjà ils récoltaient des graines provenant de fécondations artificielles, qui depuis ont donné naissance à de superbes hybrides. Parmi leurs horticulteurs, nous citerons en première ligne M. Harrisson, directeur du *Floricultural cabinet*, journal d'horticulture; c'est à lui que sont dus les *F. clio*, *météore*, *phœnix*, *blanche*, *flora*, *enchanteresse*. Récemment il vient d'introduire dans le commerce quatorze nouvelles variétés remarquables, encore inconnues en France.

M. Smith de Dalston, émule de M. Harrison, produisit, lui, les Fuchsia *blanda*, *insignis*, *invincible*, *mirabilis*, *princeps*, toutes anciennes et bonnes variétés : parmi les nouveautés de l'année, les plus belles, telles que : *Britannia*, *défiance*, *éclipse*, *majestica*, etc., proviennent de ses semis.

A M. Standish de Bagshot revient l'avantage d'avoir doté l'horticulture des *F. aurora* et *delicata*, de l'élégante variété connue sous le nom de *Standichi*, et des trois gains : *attraction*, *colossus* et *président*, dont le *Magazine de Paxton* a donné le dessin.

Mentionnons aussi M. May, qui nous a donné les *F. pendula terminalis* ou *Mayi*, *floribunda magna* et *stylosa maxima*.

Beaucoup d'autres Anglais, MM. Youell, Todd, Epss, Miller, Dennis, Girling, etc., etc., s'occupent de la propagation du Fuchsia par la voie du semis et de la fécondation artificielle. Ils ont sur nous une supériorité incontestable, qu'il est de notre justice de reconnaître. En France, un seul horticulteur, pour ainsi dire, que nous nous plaisons à considérer comme notre compatriote, bien qu'il soit d'origine anglaise, n'a pas tardé à égaler, si ce n'est à surpasser ses rivaux dans cette double voie. Depuis deux ans, M. John Salter, de Versailles, a produit et a mis dans le commerce des hybrides d'une beauté remarquable, parmi lesquels nous citerons les *F. Audoti*, *conqueror*, *Chauvieri*, *Edwarsi*, *Brennus*, *Giantess*, *le chinois*, *Thibaulti*, *Salteri*, etc., etc. De ses semis de 1843, il a extrait dix autres variétés qu'il considère comme étant de premier ordre, et dont nous ne connaissons encore qu'une partie. En ce moment M. Salter possède six mille Fuchsia, provenant de ses semis et qui promettent de nouvelles richesses.

L'introduction récente des nouvelles espèces venant de l'Amérique, et les gains successivement obténus ont enrichi tellement le genre qui nous occupe, qu'il est devenu l'un des plus nombreux en espèces et variétés. Par le port, le feuillage, la disposition florale et le coloris, il offre des plantes d'aspects bien divers. En effet, quelle différence entre le *F. microphylla* au feuillage si petit, aux fleurs si ténues, et le *F. corymbiflora* au port majestueux, aux larges feuilles et aux longues grappes de fleurs pendantes. A côté des fleurs du *F. globosa Smithi*, d'un tel éclat qu'on les dirait comme vernissées, ne remarque-t-on pas la fleur délicate et élégante du *Venus victrix*, d'un blanc légèrement teinté de rose, que fait encore mieux ressortir le bleu de la corolle? Cette diversité de formes, cette variété de nuances permet à l'homme de goût, en groupant ses plantes dans la serre ou dans le jardin, de ménager des contrastes d'un gracieux effet.

Est-il à craindre que ce grand nombre d'espèces

et de variétés nouvelles, quoique toutes plus belles les unes que les autres, en menaçant d'encombrer nos jardins, n'amène la satiété et le dégoût? nous ne le pensons pas. L'art n'a pas encore atteint les limites que la nature lui a imposées, ce n'est que depuis peu d'années qu'on a commencé à hybrider les espèces de *Fuchsia* les plus méritantes, et de nouveaux mélanges produiront certes encore des résultats imprévus. D'ailleurs les richesses horticoles de l'Amérique sont-elles épuisées? ses vastes forêts ne renferment-elles pas encore quelques merveilles égales ou supérieures aux *F. fulgens* et *corymbiflora?* Lindley, ne dit-il pas, que les auteurs de la *Flore du Pérou* citent d'autres *Fuchsia* d'une apparence plus belle, et pour la possession desquels l'horticulture est réduite à former des vœux ardents. En effet, MM. Ruiz et Pavon regardent comme au-dessus de tout éloge le *F. serratifolia* à grappes de fleurs roses de quarante et un millimètres de longueur, le *F. denticulata* haut de près de quatre mètres, se couvrant de fleurs pourpres plus grandes que celles du *F. corymbiflora;* enfin les *F. simplicicaulis* et *apetala*, semblables en apparence, mais d'un aspect plus remarquable.

La possession de ces *Fuchsia* inconnus, loin de refroidir le zèle des horticulteurs, excitera un vif intérêt par l'espoir d'obtenir des hybrides d'un genre nouveau.

CHAPITRE II.

De la culture.

Le port élégant du *Fuchsia*, l'abondance et la longue durée de sa floraison, le peu de soins que nécessitent sa culture, sa multiplication et sa conservation pendant l'hiver, sont des qualités éminentes que ne possèdent pas beaucoup d'autres plantes, et qui le recommandent à l'attention des horticulteurs.

Le Fuchsia, pendant sa végétation, demande beaucoup de nourriture et de copieux arrosements. Ses racines ne doivent pas être gênées, il faut qu'il puisse les étendre convenablement, aussi à mesure qu'il prend de l'accroissement, aura-t-on le soin de le rempoter et de le placer dans des pots plus grands. Cette opération pourra se renouveler plusieurs fois dans le cours de la saison, en prenant la précaution de ne pas endommager les racines, et de laisser la motte intacte. Toutefois, si le chevelu s'est formé en trop grande abondance autour du pot, une partie en sera supprimée, et on fera en sorte d'opérer une liaison entre l'ancienne motte et la nouvelle terre dont on l'entoure.

Il arrive quelquefois qu'au lieu de donner aux plantes successivement des pots plus grands, des jardiniers peu expérimentés les placent de suite trop à l'aise. Cette transition brusque risque de leur être fatale ; les racines ne pouvant absorber qu'incomplétement l'humidité de la terre où elles sont plongées, sont exposées à pourrir, ou bien ne recevant plus aussi facilement les impressions atmosphériques à travers les parois des pots, les sujets deviennent languissants, et périssent même si on n'apporte un prompt remède.

Le Fuchsia exige un sol riche ; le compost suivant semble lui convenir parfaitement : un tiers de terre franche, un tiers de bruyère, ou, à défaut, un tiers de terreau de feuilles mélangé de sable fin, et un tiers de fumier consommé. Ces proportions ne sont pas absolues, on peut leur faire subir de légères modifications, et même remplacer une substance par une autre. Par exemple, pour le cas où un amateur n'aurait pas de terreau de feuilles ou de fumier, il pourrait très-bien employer un tiers de terre franche avec deux tiers de terre de bruyère, en y mélangeant une certaine quantité de noir animalisé ou de poudrette. Ces deux dernières substances ont pour effet d'activer la végétation, et de procurer aux plantes un développement remarquable. C'est par suite de l'expérience que j'en ai faite depuis quelques années, que j'en conseille l'usage.

Le premier rempotage aura lieu vers la fin de mars ou dès les premiers jours d'avril, en un mot à l'époque où les plantes donneront des signes de végétation.

Les Fuchsia seront ensuite placés sur la tablette de la serre, proche les vitraux, pour qu'ils puissent recevoir les rayons du soleil ; mais dès que les chaleurs se feront sentir, il convient de les placer à mi-ombre, afin de leur donner une position analogue à celle qu'ils occupent dans leur pays natal.

Bien que la culture n'en soit pas difficile, il est néanmoins certaines conditions à observer, si l'on veut obtenir des plantes vigoureuses et un beau développement de fleurs. Posons ici quelques principes, que nous sommes heureux de rencontrer en partie dans un article remarquable sur la culture du Fuchsia inséré dans le *Magazine de Paxton*, octobre 1843.

Le Fuchsia a besoin d'être dirigé dans sa croissance ; aux variétés naines et buissonnantes, telles que le *Chandleri* et le *Racemiflora*, on supprimera une partie des branches inférieures, de manière à leur faire prendre de l'élévation ; à d'autres variétés au contraire, qui ont trop de tendance à s'élever, on pincera la tige principale. A cet égard, aucunes règles fixes ne sauraient être indiquées : cela est arbitraire et dépend du goût de chacun.

Quelques personnes suppriment toutes les branches inférieures jusqu'à une hauteur de 25 à 30 centimètres environ, de manière à former de charmants arbrisseaux ; d'autres préfèrent avoir des pyramides régulières, et pour cela elles conservent les branches inférieures, en prenant la précaution de les pincer pour les empêcher de s'étendre trop sur le côté et pour favoriser ainsi le développement des branches secondaires.

Recommandons aussi à l'amateur soigneux, de ne pas laisser prendre aux branches de Fuchsia de mauvaises directions dans leur jeunesse, leur bois est cassant, et il serait difficile de parer plus tard à un tel inconvénient.

Le procédé le plus remarquable que nous ayons à signaler en ce qui a trait à la culture du Fuchsia, consiste à couper chaque année les branches et les tiges, alors que la végétation a cessé. C'est le moyen le plus efficace de forcer la plante à donner au printemps suivant des tiges plus vigoureuses, des fleurs plus abondantes et plus belles. Ce système a été par nous mis en pratique cette année, et nous pouvons en attester les excellents résultats.

Cette opération doit se pratiquer après la chute des feuilles, vers les premiers jours du mois de novembre. La tige sera coupée à quelques centimètres du sol, et après avoir exposé au soleil les plantes pour faire sécher les plaies, elles seront déposées sur une tablette reculée de la serre ou de l'orangerie, ou même dans tout autre endroit où l'humidité et la gelée ne puissent pénétrer, et qui ne soit ni assez sec pour nuire à leur vitalité, ni assez chaud pour les faire pousser. Au mois de mars les Fuchsia entreront en végétation, jetteront naturellement des rejetons; si les tiges sont trop nombreuses, on supprimera les plus faibles, en ne laissant que celles qu'on veut conserver, afin de ne pas épuiser les plantes. C'est à cette époque que le premier rempotage s'opérera, et que les Fuchsia seront traités de la manière qui vient d'être exposée.

Il ne faut pas prendre pour absolu le précepte qui consiste à rabattre la tige à quelques centimètres du sol, et l'appliquer à toutes les espèces et variétés du Fuchsia. Ce traitement ne conviendrait pas aussi bien au *F. corymbiflora*, *fulgens*, *cordifolia*, et même aux hybrides dont le port est élancé. Pour ceux-là, il nous semble préférable de rabattre la tige à une hauteur que chacun fixera suivant son goût et les besoins de sa serre, et de rapprocher les branches qu'on veut conserver à 4 ou 5 centimètres. Ce procédé nous l'avons suivi pour un *F. corymbiflora* avec un plein succès.

Au mois de juin 1840, une jeune bouture de cette espèce de Fuchsia, fut placée dans un massif de terre de bruyères d'une serre tempérée; elle y poussa avec une telle vigueur, que l'année suivante les branches dépassaient la hauteur des châssis qu'on enlève pendant la belle saison. Lorsque la serre fut recouverte, ce Fuchsia fut relevé de la pleine terre et mis dans un grand pot, et à cet instant les branches latérales furent rapprochées à quelques centimètres de la tige principale. Au printemps suivant, ce bel arbuste prit un développement remarquable, et il se ramifia de manière à former une tête volumineuse, qui, pendant l'été, fut couverte de trente grappes de fleurs au moins. Trois fois cette opération a été faite, et trois fois elle a complétement réussi. Aujourd'hui ce notable spécimen du *F. corymbiflora* présente une tige de 14 centimètres de circonférence, haute de 1 mètre 40 centimètres, quadrifurquée à cette hauteur, et se divisant en une foule de branches secondaires. Quelle différence d'aspect avec la plupart des *F. corymbiflora*, qui, laissés à eux-mêmes, n'offrent qu'une tige élancée, se terminant par quelques branches beaucoup trop rares.

Le Fuchsia peut se cultiver avec avantage en pleine terre ; depuis longtemps en Belgique, et notamment au jardin de botanique d'Anvers, on a traité ainsi le *fulgens*. Placées à mi-ombre dans une plate-bande, composée de terre de bruyères et de terreau de fumier consommé, plusieurs variétés du *fulgens* produiront un effet admirable. A l'approche des gelées, on les relève et leurs racines tuberculeuses se conservent à l'instar des tubercules de dahlia.

Ce qui est dit ici du *F. fulgens* peut convenir aussi à tous les autres ; un groupe bien disposé, dans lequel on a varié les nuances et observé les hauteurs, est l'un des plus beaux ornements d'un parterre ; l'effet en sera encore plus agréable et plus complet, si on exhausse en forme de butte le terrain destiné à cette plantation. Par un tel arrangement, ces milliers de petites clochettes se dessinent mieux au regard.

Quand vient l'hiver, si on veut s'éviter l'embarras de remettre en pots tous les Fuchsia placés en pleine terre, on les couvre d'une couche épaisse de litière, de feuilles sèches ou de mousse, après avoir disposé d'abord du sable fin au pied de chaque Fuchsia, pour les préserver des eaux pluviales qui pourraient faire pourrir les racines.

Au printemps les branches atteintes par la gelée ou la pourriture seront coupées jusqu'à la partie saine, et bientôt on verra apparaître de nouvelles pousses d'une vigueur extrême, et d'une telle abondance qu'on sera obligé d'en supprimer une partie. Cependant comme un froid rigoureux pourrait faire périr entièrement tous ces Fuchsia, il sera prudent de ne confier à la pleine terre que les doubles de sa collection, à moins que par des boutures, faites pendant la saison, on ne se soit mis en état de parer aux accidents.

CHAPITRE III.

De la multiplication par boutures et semis.

Les Fuchsia se propagent de boutures avec une étonnante facilité, il n'est pas besoin du secours de la chaleur ; un rameau de 10 à 12 centimètres, placé au printemps dans un petit pot, recouvert par une cloche, ou placée sous un châssis à melons, sera enraciné dans l'espace de 15 à 20 jours au plus. Il devient donc superflu de tracer aucun précepte particulier à ce sujet, et nous renvoyons au surplus aux règles données par *le Bon Jardinier*, et au *Traité spécial de l'Art de faire les boutures*, par M. Neumann.

Nous dirons seulement que lors du rempotage des boutures reprises, il sera mieux d'employer de la terre de bruyère très-sableuse, pour faciliter l'émission des racines, que du compost indiqué pour les plantes adultes. Au second rempotage, qui pourra se faire quinze jours ou trois semaines après, on emploiera une terre plus substantielle, pour ensuite faire exclusivement usage du mélange que nous avons précédemment indiqué.

C'est par la voie du semis qu'ont été obtenus ces superbes hybrides produits par le mélange du pollen des *globosa* et des *fulgens*, apparus depuis quelques années dans les cultures. Le choix des graines n'est pas livré au hasard, l'horticulteur habile opère des fécondations artificielles entre les plus belles espèces ou variétés, afin d'obtenir des plantes participant des deux plantes-mères, et réunissant les qualités de chacune d'elles. Si quelques amateurs sont tentés de faire quelques essais de ce genre, s'ils veulent à leur tour tâcher de suprendre les secrets de la nature, voici la méthode que nous leur conseillons de suivre.

On commence par supprimer les anthères des étamines d'un *fuchsia*, avant l'expansion du pollen qu'elles contiennent, puis avec un léger pinceau imprégné de la poussière fécondante d'une autre belle variété, on frotte légèrement le stigmate du pistil. Ce n'est pas tout, comme il est à redouter qu'une abeille ne vienne détruire cette combinaison, en enlevant le pollen rapporté, ou en déposant une poussière fécondante d'une autre variété médiocre, on enveloppe d'un léger tissu la fleur fécondée, et on la préserve ainsi de tout contact extérieur.

N'allez pas croire que cette opération soit toute mécanique, qu'elle ne demande aucune habileté, qu'elle puisse se faire dans toutes les circonstances, ce serait une erreur. Il faut, pour que la fécondation ait lieu, que la fleur soit assez épanouie, et sous un autre rapport, que l'horticulteur ne se laisse pas devancer par la nature; l'époque, l'heure, l'instant même importent au succès, et un œil exercé peut seul les saisir.

Que cette fécondation artificielle s'opère vers le milieu du jour, par un temps chaud, sur un sujet dont le pistil ne soit pas encore fécondé et avec du pollen qui n'ait pas perdu sa puissance fécondante; qu'on ait le soin de préserver la fleur de tout contact avec les insectes; qu'elle soit abritée contre les vents et la pluie qui peuvent entraîner le pollen; qu'on la préserve encore contre l'ardeur des rayons solaires qui pourraient en altérer le principe, et la réussite sera certaine.

Lors de leur maturité, les baies, qui au préalable ont été marquées afin de ne pas être confondues avec les graines non fécondées, sont récoltées et placées dans un endroit sec et à l'abri des gelées. Vers le mois de mars on sépare les graines de la pulpe qui les entoure, et on les sème dans de petites terrines remplies de terre de bruyère très-sablonneuse. Bien que ces graines soient ténues, elles germent et lèvent facilement, et elles ne réclament pas de soins particuliers autres que ceux donnés à la plupart de tous les semis de graines provenant de plantes cultivées en serre. Quelques praticiens préfèrent semer les graines provenant de plantes aussitôt après la récolte au lieu d'attendre au printemps. Cette méthode offre l'avantage d'avoir, dès la première année, des sujets plus vigoureux, qui fleurissent dans le courant de l'été ou de l'automne; mais présente le grave inconvénient, à moins de précautions très-grandes, d'exposer l'amateur à perdre une partie du plant que l'humidité ou le froid font périr.

Dès que les jeunes Fuchsia auront atteint quelques centimètres de hauteur, ils seront relevés avec précaution des terrines où le semis a été fait, et repiqués dans des pots semblables à ceux qui servent à rempoter les boutures reprises. Puis, quand la nécessité de les tenir plus grandement se fera sentir, ils seront traités d'une manière analogue à celle qui a été exposée à l'article *des boutures*.

CHAPITRE IV.

De la greffe.

Il n'est pas à notre connaissance qu'on ait encore beaucoup pratiqué la greffe du Fuchsia, cela tient à ce que toutes les espèces et variétés se propageant également bien de boutures, il n'est pas nécessaire de recourir à ce moyen de culture, qui nécessiterait d'abord l'éducation de sujets propres à la greffe.

Elle pourrait cependant être employée avec succès pour les espèces grêles et délicates. Placées sur des sujets vigoureux, celles-ci se trouveraient acquérir une vigueur qui leur manque.

Il ne serait pas aussi sans intérêt, à l'instar de ce qui se pratique en Belgique pour les *azalées*, de greffer sur le même sujet différentes variétés. Le mélange de fleurs de formes et de coloris divers, ne serait-il pas d'un heureux effet? C'est un essai à tenter, et auquel nous convions les horticulteurs.

CHAPITRE V.

D'une monographie des Fuchsia.

L'amateur qui est obligé de restreindre ses jouissances se trouve embarrassé, au milieu de tant d'espèces et de variétés, dans le choix des plantes qui doivent former sa collection. Cette difficulté se présente fréquemment pour des genres encore plus nombreux que les *Fuchsia*, tels que les roses, les dahlia, les camélia, etc., etc. C'est à l'horticulteur consciencieux à éliminer de ses cultures les plantes les moins méritantes, et surtout à n'en mettre dans le commerce que de dignes de figurer dans des collections d'élite. S'il en était ainsi, l'acheteur ne serait plus trompé comme il lui arrive fréquemment de l'être, et il en résulterait une confiance dont les résultats seraient avantageux à tous égards.

Pour faciliter les choix, nous avons eu la pensée qu'il ne serait pas sans utilité de faire suivre ces quelques réflexions sur le genre *Fuchsia*, d'une monographie où l'on pourrait trouver l'indication des caractères principaux des diverses espèces et variétés répandues dans le commrce.

Lors de la première publication de ce travail dans le Bulletin de la Société d'horticulture d'Orléans, au mois de janvier 1844, les tables étaient divisées en deux sections : la première comprenait les ***Fuchsia*** à fleurs globuleuses où à fleurs courtes, ayant moins de 3 centimètres de longueur ; la seconde renfermait les ***Fuchsia*** à longues fleurs. Dans chacune de ces divisions, les espèces et variétés étaient rangées par ordre de couleur, en commençant par la nuance la plus claire.

Depuis, nous avons reconnu que cette division n'atteignait pas le but que nous nous étions proposé, et qu'au lieu de simplifier les recherches, elle les multipliait. D'ailleurs ce n'est pas chose facile à présent que de reconnaître le caractère distinctif des ***globosa*** et des ***fulgens***, qui nous avaient servi de type, au milieu de cette foule d'hybrides nés du mélange de ces deux espèces. Il nous a semblé préférable de classer tous les Fuchsia par ordre alphabétique dans une seule table.

Quant à l'ordre par couleur, comme il nous est arrivé plusieurs fois de cueillir sur deux sujets de même espèce des fleurs d'un coloris différent, l'impossibilité d'être exact nous a déterminé à renoncer à cette classification. La différence de coloris que nous signalons, se rencontre fréquemment ; elle provient de la vigueur des plantes, de leur exposition, ou de l'époque où elles ont été placées à l'air libre. Or, à moins d'avoir une collection entière dans de mêmes conditions, et fleurissant à une même et seule époque, ce travail serait toujours inexact, ces considérations nous ont engagé à laisser définitivement de côté des caractères incertains.

Nous indiquerons par une astérisque et afin de venir ainsi en aide à l'amateur, les variétés vraiment saillantes.

CHAPITRE VI.

Des noms.

Nos catalogues d'horticulture offrent un singulier mélange de mots latins, français et anglais. Difficiles à lire pour la plupart des jardiniers de profession et même des amateurs, ils deviennent inintelligibles si une orthographe vicieuse en défigure encore le sens. Il est à craindre que ce mal, au lieu de s'arrêter, n'augmente, et que les Allemands, les Italiens, les Flamands et les Hollandais ne viennent accroître cette singulière bigarrure.

La botanique, par une juste raison, n'a pas accordé de préférence à l'une des langues vivantes, elle a adopté le latin, langue universelle, à l'aide de laquelle tous ses adeptes peuvent s'entendre et communiquer entre eux.

L'horticulture, qui est devenue à son tour une

science, ne devrait-elle pas, à l'instar de la botanique, dont elle est si voisine, renfermer son vocabulaire dans les limites de la même langue? Il est vrai de dire que tous les horticulteurs n'ont pas fait d'études et ignorent les premiers principes de la langue latine; mais, obligés de se familiariser avec les noms latins qui servent exclusivement à désigner les espèces botaniques, l'emploi de cet idiome leur sera plus facile.

Si le retour à l'unité, qui est si désirable, présente, dans son exécution, ou des impossibilités ou des inconvénients, en ce cas nous proposerions qu'en conservant les noms latins et les noms propres, on traduisît au moins en français les noms communs étrangers.

Ainsi, l'on dirait, par exemple, le camellia *Marquise d'Exeter*, au lieu de *Marchioness of Exeter* ; le dahlia *Beauté de la plaine*, pour *Beauty of the plain;* le fuchsia *Souvenez-vous de moi*, au lieu de *Forget me not.*

Quant aux noms propres des personnes à qui on a fait la dédicace d'une nouvelle variété, il est convenable, sous tous les rapports, de les conserver, soit en leur donnant une terminaison adjective latine ou en les plaçant au génitif, soit, et ce serait encore mieux, en écrivant le nom suivant l'orthographe de la langue originaire.

L'anglomanie est portée à un tel point, nous n'entendons parler ici que de ce qui a trait à l'horticulture, que, non contents de conserver aux plantes qui nous viennent de l'autre côté du détroit leurs noms anglais, certains horticulteurs donnent à leurs productions un baptême étranger. Par là on cherche à tirer parti de cette idée, quelquefois vraie, souvent fausse, que ce qui nous vient de nos voisins d'outre-mer est supérieur à nos produits. Nous ne saurions blâmer avec trop d'énergie cette tendance déplorable de nos horticulteurs français à déguiser leurs gains sous des noms étrangers.

L'emploi des mots les plus hyperboliques, des épithètes les plus exagérées pour la désignation des plantes est un autre genre d'abus dont on fait usage pour procurer du débit à une plante médiocre. Ou bien encore, pour exciter la convoitise des acheteurs, on annonce une plante comme la véritable, *vera*. Si la première variété parue était belle, que doit être celle qui est annoncée comme la seule vraie? Si, au contraire, elle était médiocre, c'est qu'on a eu tort d'acheter la variété qui a usurpé un nom qu'elle n'aurait pas dû avoir, et dès lors il y a nécessité de la remplacer par celle qui est qualifiée de *vera*. Dans le genre camellia, cette espèce d'abus s'est renouvelé plus d'une fois; mais, pour le fuchsia, nous ne pouvons en citer qu'un seul exemple récent, et c'est l'Angleterre qui nous le fournit. Sous le nom de *coccinea vera*, M. Schmit annonce une nouvelle variété provenant de ses semis.

C'est une singulière prétention, en présence d'une espèce botanique connue sous le nom de *coccinea*, de la part d'un horticulteur, d'attacher la qualification de *vera* à un hybride provenant de ses cultures.

On remarquera dans notre monographie que tous les fuchsia désignés par les noms les plus pompeux sont des variétés médiocres, tels que les *F. pulcherrima*, superbe; *phœnix*; *exquisita*, exquis; *gem*, (pour *gemma*), pierre précieuse; *enchanteresse* (il ne faut pas confondre cette dernière variété avec l'*enchanteresse* de Harrison, qui est très-méritante). Le *grandiflora* a de petites fleurs; le *floribunda magna* est peu florifère, et ces deux fuchsia n'ont ainsi aucune des qualités que semblent promettre leurs noms.

Pour remédier à de tels abus, il est un moyen bien simple, sur lequel on s'accorde généralement, et qui semblerait concilier tous les intérêts, ce serait de faire paraître les nouvelles plantes sous le patronage des sociétés horticoles. Des commissions spéciales, prises dans leur sein, s'attacheraient à faire ressortir par leurs rapports le mérite des nouvelles plantes soumises à leur examen; elles veilleraient avec soin à ce que les dénominations fussent en harmonie avec leur mérite réel. De cette manière, les amateurs seraient protégés contre les manœuvres du charlatanisme et ses exagérations; les noms des plantes seraient ramenés à une unité de langue bien désirable, et les catalogues n'offriraient plus d'exemples d'erreurs grossières, de fautes de langage, et de ces contrastes étranges qui existent entre les plantes et les noms historiques qui leur ont été donnés.

CHAPITRE VII.

Des synonymes.

Les synonymies ont été aussi l'objet de notre attention; il était d'autant plus utile de les indiquer, que ce sera prémunir les acheteurs contre l'inconvénient de faire l'acquisition sous un autre nom d'une plante que déjà ils possèdent. Ces synonymies proviennent ou de la possession simultanée entre des mains diverses de la même variété, ou bien elles naissent de tromperies à l'aide desquelles, après avoir épuisé la vente d'une plante, on cherche à en renouveler la vogue sous un nom différent.

Voici les synonymies qui nous ont semblé ne présenter aucun doute :

Le *F. affinis* est le même que le *radicans*.
Conspicua arborea est le même que *prince de Galles*, en anglais *prince of Wales*.
Cordifolia est le même que *cordata*.
Delicata est le même que *Towardi*.
Fulgida est le même que *fulgens multiflora* ou *multiflora*.
Gem superba est le même que *Gem ivery*.

Insignis est le même que *magnifica*, et que *Elvira.*
Rosea alba est le même que *albiflora*, et que *bellidifolia.*
Thibauti est le même que *Alfredi.*

On pourrait aussi ranger parmi les synonymes les *F. majestica nova* et *Victorine*, variétés qui ont par le feuillage et les fleurs une telle ressemblance, que, même pour un œil exercé, il est difficile de les distinguer.

Il en est de même des *F. Clio* et *excelsa*; des *formosa* et *pulcherrima superba*, dont la différence consiste en ce que cette dernière variété a le tube un peu plus gros et est d'une nuance plus foncée que le *formosa.*

Il est d'autres synonymies qui ne sont pas réelles et que font supposer les erreurs involontaires commises dans la vente ou l'échange des plantes. Ces erreurs sont plus fréquentes qu'on ne le suppose et, alors qu'elles proviennent de grands établissements, elles jettent beaucoup de confusion dans les collections; chaque jour nous sommes occupés à rectifier de semblables erreurs.

Ayant remarqué dans plusieurs cultures le *F. bicolor* sous le nom de *pulcherrima*, nous fûmes portés à croire que ces deux fuchsia ne formaient qu'une seule et même variété; mais, ayant reçu sous le nom de *pulcherrima* (cet hybride figure sur tous les catalogues anglais) un fuchsia bien distinct du *bicolor*, nous avons dû lui conserver sa dénomination et ne pas admettre cette prétendue synonymie. Le *pulcherrima*, d'ailleurs, est d'une médiocrité qui contraste singulièrement avec sa qualification.

Dans le numéro de la *Revue horticole* du mois de janvier 1844, nous avons lu avec intérêt une lettre sur le fuchsia de M. Adolphe Weick, de Strasbourg, où diverses synonymies sont indiquées. Elles sont conformes à celles que nous venons d'indiquer; toutefois, il ne nous est pas possible d'admettre son opinion en ce qui concerne les *F. mirabilis* et *invincible* et entre les *F. Dalstoni* et *arborea*.

Nos motifs pour rejeter la première de ces deux synonymies sont que les *F. mirabilis* et *invincible* diffèrent entre eux essentiellement par l'aspect général, le feuillage, la forme et le coloris des fleurs. Le *mirabilis* est une plante multiflore, en buisson; ses fleurs ont un tube plus court et moins gros que l'*invincible*, et leur coloris est aussi moins vif; les sépales plus étroits sont entièrement réfléchis. Tandis que le *F. invincible* a un port plus élevé, les feuilles plus larges et les fleurs plus allongées; leurs sépales sont pendants.

Quant à la seconde synonymie, si les *F. arborea* et *Dalstoni* présentent de l'analogie, ce sont, toutefois, deux variétés bien distinctes. L'*arborea* a les feuilles plus larges, plus acuminées; les fleurs ont le tube moins long, plus gros, d'une couleur vermillon plus claire; les sépales, au lieu d'être pendants, sont horizontaux, et la corolle est d'une plus grande dimension.

Le même auteur indique encore comme synonymes les *F. acuminata* et *blanda*, *thynæa* et *grandis*, dont nous n'avons pu vérifier l'exactitude et sur lesquelles nous appelons l'attention des horticulteurs.

Au milieu du grand nombre de variétés de fuchsia et des nouveaux gains annoncés de toutes parts, non-seulement il est utile de signaler les synonymies, mais encore de constater les affinités qui peuvent exister entre diverses plantes, afin qu'on puisse n'admettre dans une collection d'élite que les variétés les plus distinctes.

Quelques articles isolés, publiés par des journaux horticoles sur diverses espèces ou variétés de fuchsia et les descriptions botaniques données par les ouvrages scientifiques, composaient tout ce qui avait été écrit sur le genre fuchsia, alors que la pensée nous vint de faire un traité spécial. De là des difficultés plus grandes qu'on ne saurait le supposer pour mettre de l'ordre au milieu de tous ces hybrides, qui présentent une telle affinité, qu'on serait tenté de les réunir. Ces difficultés se sont accrues encore par les erreurs, malheureusement trop fréquentes, commises dans la livraison des plantes. Il nous est arrivé souvent de voir figurer dans les collections des variétés différentes sous le même nom, ou une seule et même variété diversement dénommée. On comprend que des comparaisons réitérées devenaient nécessaires, et bien qu'elles aient été faites avec un soin tout particulier, nous n'oserions pas affirmer qu'il ne nous soit pas échappé d'erreurs. Nous prions les horticulteurs de nous les signaler, afin qu'on puisse les rectifier dans un nouveau tirage.

Il est nécessaire, pour éviter des reproches mal fondés, qui porteraient sur des différences de feuillage, de coloris et de dimension des fleurs, de faire remarquer que notre examen a été fait sur des sujets vigoureux provenant de boutures de l'année ou sur des plantes traitées suivant la méthode par nous indiquée au chapitre 2, et qui toutes étaient placées dans la serre ou à mi-ombre. Si on compare nos indications avec des échantillons provenant de plantes rabougries, mal cultivées ou exposées aux vents et aux ardeurs du soleil, on pourrait trouver des différences qui autrement n'existeraient pas. La comparaison doit donc se faire dans les mêmes conditions que l'examen a eu lieu

Cet opuscule, dans l'origine, n'était pas destiné à une telle publicité ; il avait été fait pour le bulletin de la société d'horticulture d'Orléans, où il a été inséré au mois de janvier 1844. De pressantes sollicitations, fondées sur ce motif que la science horticole ne possédait aucun ouvrage sur le genre fuchsia, ayant été faites auprès de nous par l'honorable éditeur, nous l'avons laissé libre d'en faire une publication séparée, dans l'espoir que cet ouvrage pourrait être de quelque utilité aux amateurs, et que surtout il ferait naître l'idée à une personne plus habile et de plus d'expérience d'entreprendre un traité complet sur cette matière. Puissions-nous avoir atteint le double but que nous nous sommes proposé!

MONOGRAPHIE

DES DIVERSES ESPÈCES ET VARIÉTÉS DE FUCHSIA (1).

---

1. ADMIRABLE (Harrison). Arbuste peu élevé, à bois violacé. Feuilles ovales de 7 centim. sur 5, à nervures violacées. Fleurs cerise, longues de 4 centim. (2), tube mince, allongé; sépales larges à demi-ouverts, pointes vertes.

2. *Admirable new* (nouvel admirable). Plante naine à petit feuillage, très-multiflore. Fleurs petites, jolies, longues de 2 centim. environ, d'une couleur cramoisie mélangée de vermillon. Sépales redressés.

3. *Affinis* ou *radicans;* espèce (Miers). Ce fuchsia est encore désigné par Cambessedes sous le nom de *integrifolia* et sous celui de *pyrifolia* par Presl (Fl. Bras. Mer., p. 273). Tige rampante s'étendant jusqu'à 6 mètres et se déployant en longs festons sur les arbres auxquels elle s'attache. Feuilles oblongues, à courts pétioles, d'un vert foncé, avec la nervure médiane rouge violacé. Fleurs cramoisi foncé, axillaires, de 5 centim. environ, corolle pourpre, roulée autour des étamines disposées en faisceau. Sépales égaux à la partie tubulée. Cette espèce est peu florifère dans nos serres.

*4. *Alata* (Smith). Feuilles larges et arrondies. Fleurs de 5 centim., rouge cerise foncé. Sépales longs, étroits et horizontaux, ce qui a pu les faire considérer comme de petites ailes d'insectes et lui valoir sa dénomination d'*alata*, ailé. Ce fuchsia ressemble au *F. Brockmania*, il a les fleurs moins colorées, le calice plus mince et les sépales plus étroits. Belle variété.

---

[1] Les plus belles variétés sont indiquées par un astérique. Nous avons cru devoir nous abstenir, à l'égard des nouveautés, dont il ne nous a pas encore été possible d'apprécier le mérite.

[2] On entend par la longueur de la fleur, celle du tube calicinal et celle des sépales.

5. *Albiflora. Voyez* Rosea alba.

*6. *Albinos* (Salter). Plante très-florifère. Feu lles de 7 centim. sur 4. Fleurs élégantes à longs tubes, d'un coloris rose tendre. Corolle vermillon. Sépales pendants à pointes verdâtres.

7. *Albion*. Nouveauté anglaise de John Smith de Dalston, encore inconnue en France.

8. *Alice*. Nouveauté de Bell.

9. *Amanda* (Harrison). Le *Floricultural Cabinet* dit que le tube et les sépales sont d'une couleur rouge de pêche. La corolle rose violacé. Sépales horizontaux.

10. *Amato*. Variété multiflore et d'un joli aspect, à feuillage moyen. Fleurs rouge cerise foncé, tube du calice mince, sépales écartés.

11. *Apetala*. Espèce originaire du Pérou. Feuilles alternes, ovales, acuminées, entières. Pétales nuls.

12. *Apollo*. Nouveauté de Smith.

13. ARAGO (Harrison). Port gracieux, petit feuillage, plante buissonnante. Fleurs d'un rouge cerise foncé à tubes minces, longues de 4 centim., sépales étroits et de même longueur que le tube.

14. *Arborea*. Cet arbuste ne s'élève pas comme semblerait l'indiquer sa dénomination. Feuilles moyennes, ovales, aiguës. Fleurs de 3 centim. et demi, à tube court, sépales horizontaux. Calice rose clair, corolle vermillon. Dans le genre des *F. blanda, Dalstoni, Chandleri, compacta*, etc.

15. *Arborescens* (Sims). Espèce découverte au Mexique en 1823. Feuilles 3-verticillées, ovales, oblongues, acuminées. Panicule trichotome terminale. Fleurs roses, lobes du calice redressés.

16. ATLAS. Variété de Thew.

17. *Atkinsonia*. Variété de Atkinson.

*18. ATTRACTION (Standish). Nouveauté anglaise de l'année, dont le *Magazine* de Paxton, nº de mars 1844, a donné une belle gravure.

*19. AUDOT (Salter). Port élevé. Feuillage large, arrondi, fortement denté, de 9 centim. sur 7. Fleurs très-longues, 6 centim. et plus, à tube mince; sépales allongés et semi-pendants. Leur coloris est cramoisi clair violeté, la corolle large, rouge violacé.

20. *Augusta*. Variété nouvelle d'Angleterre, de Rickard.

21. *Augustina*. Plante peu branchue, à bois violacé, élevée; à euilles ovales-oblongues. Fleurs de 3 centim. et demi, rouge cra-

moisi, à sépales pendants. La seule qualité de cette variété est le brillant coloris de ses fleurs.

*22. *Aurantia*. Plante peu élevée. Feuilles d'un vert jaunâtre, étroites, allongées. Fleurs de 4 centim. et demi, d'un rose tendre, corolle vermillon rosé. Sépales larges, égaux au tube, semi-relevés, à pointes verdâtres. Plante délicieuse par son coloris.

*23. *Aurora* (Standish). Feuilles arrondies, de 7 centim. sur 5. Fleurs longues de 5 centim., à gros tube, sépales larges et ouverts, d'une longueur égale à celle du tube. Le coloris de cette belle variété est cerise foncé violacé.

24. *Ayavencis*. Espèce provenant du Pérou, près Ayavaca. Rameaux et feuilles pubescents, ternées, oblongues, acuminées.

25. *Bacillaris*. Espèce découverte au Mexique en 1824. Feuilles ovales, lancéolées; fleurs 2 ou 3-axillaires. Sépales ouverts. Fleurs roses.

26. *Ballooni*. Variété nouvelle de May.

27. *Bauduin* (Salter). Feuillage moyen, ovale, de 6 centim. sur 4. Plante florifère. Fleurs rouge cerise foncé, de 5 centim. de longueur, à tubes minces, sépales horizontaux et dégageant la corolle. Variété dédiée à un horticulteur de ce nom.

28. BEAUTÉ. Variété nouvelle de Standish.

29. *Berosus*. Inconnu.

*30. *Bellona*. Belle plante vigoureuse, élevée, à tige et branches violacées; florifère. Feuillage d'un vert clair, ressemblant par sa forme à celui du *globosa*. Fleurs cramoisi violacé, à tube gros et court; sépales larges et ouverts; corolle violacée. Ce fuchsia offre une grande analogie avec *Syrius* et *Edwarsi*.

31 *Bicolor* (Low). Variété peu branchue et qu'il est nécessaire d'arrêter dans sa croissance. Feuilles de 6 centim. sur 4. Fleurs à tubes minces, rouge cerise, corolle violacée, longues de 4 centim. Sépales larges à pointes verdâtres.

32. BLANCHE (Harrison). Port nain. Feuillage moyen. Fleurs de 4 centim., à tube très-grêle, rose saumoné clair. Corolle rouge vermillon violacé.

*33. *Blanda*. Par son port, son feuillage et la forme de ses fleurs, cette variété se rapproche beaucoup du *carnea*, les fleurs sont plus petites et moins colorées. Calice rosé, corolle vermillon violacé. Jolie variété.

*34. *Brennus* (Salter). Bel hybride, à grand feuillage; fleurs de 5 centim., tenues par de longs pédoncules, rouge cerise violacé, sépales à pointes verdâtres.

*35. *Brewsteri* (Brewster). Cette variété est une charmante miniature. Ses petites fleurs, portées par de longs pédoncules, ont leurs sépales rédressés à la chinoise. Corolle d'une jolie nuance bleuâtre.

*36. *Bridegroom* (le fiancé). Plante anglaise nouvelle de Epss. On dit qu'elle est supérieure au *Chandleri*.

37. Brillant. Variété de Kyle.

38. *British queen* (la reine d'Angleterre). Inconnu.

*39. *Britannia* (Smith). Port élevé, feuilles ovales-oblongues, trés-dentées, d'un vert foncé. Fleurs cerise clair, à tube court et arrondi, sépales larges, relevés à la chinoise. Corolle d'une jolie nuance violette. Variété florifère et gracieuse.

*40. *Brockmania*. Port élancé, feuilles arrondies de 6 centim. sur 5. Fleurs cramoisi clair, à corolle violacée, de 5 centim. Sépales demi-ouverts, égaux au tube. Cette variété a quelque analogie, par le feuillage et les fleurs, avec le *F. alata*.

41. *Bruceana*. Variété de Bruce.

42. *Buisti*. Variété de Buist.

43. *Butcheri*. Variété de Butcher.

44. *Candidate*, Candidat (Girling). Nouveauté anglaise de l'année, encore inconnue en France.

*45. *Carnea* (Smith). Charmante variété, florifère, à petit feuillage. Plante buissonnante. Fleurs cerise clair, corolle vermillon, longues de 3 centim. et demi. Ressemble au *blanda*.

*46. *Champion* (Smith). Port élevé, feuilles grandes, ovales, aiguës. Fleurs de 5 centim., cerise foncé, trés-grosses, sépales larges et semi-relevés.

*47. *Chandleri* (Chandler). Charmante variété, naine, buissonnante, trés-rameuse. Feuilles d'un vert jaunâtre. Fleurs presque globuleuses, rose tendre, sépales larges et ouverts, corolle vermillon. Il est nécessaire, pour obtenir des plantes plus gracieuses, de supprimer quelques branches inférieures.

*48. Chauvière (Salter). Port élevé, feuilles larges, arrondies, très-dentées. Fleurs pourpre cramoisi, de 5 centim., à gros tubes, tenues par de grêles pédoncules de la même longueur, sépales semi-ouverts. Belle variété.

49. *Chroganiana.* Variété de Chrogan.

50. *Clintonia.* Inconnu.

* 51. CLIO (Harrison). Feuilles d'un vert jaunâtre, ovales, aiguës, de 8 centim. sur 5. Fleurs rouge cerise, de 4 centim., à gros tube. Sépales larges et courts, à pointes vertes. Corolle rouge vermillon violacé. Par son port, son feuillage et le coloris de ses fleurs, cette variété ressemble beaucoup aux *F. excelsa* et *macnabiana.*

52. *Coccinea.* Espèce découverte au Chili en 1788, à feuilles ovales, petites, acuminées, nervures violacées. Fleurs rose cerise à tube mince, sépales étroits et allongés. Corolle bleu violacé.

53. *Coccinea vera.* Nouveauté de Smith. En présence du *coccinea*, espèce botanique, quelle singulière prétention que de donner cette variété pour être la vraie!

*54. *Colossus.* Nouveauté de Standish, dont un beau dessin a été donné, en mars 1844, dans le *Magazine* de Paxton.

*55. *Compacta.* Plante branchue, peu élevée, à feuilles oblongues. Fleurs globuleuses, rose vermillon, corolle violacée. Belle variété.

56. *Conica.* Ancienne variété à petit feuillage et à petites fleurs. Florifère.

* 57. *Conqueror.* Port élevé. Feuilles grandes, ovales, oblongues, de 9 centim. sur 5. Fleurs pourpre cramoisi, de 5 centim., à gros tube. Corolle violacée. Cette belle variété offre beaucoup d'analogie avec le *F. Chauvieri.* Il existe sous le nom de *Conqueror-Bellina* un autre fuchsia qui diffère trop peu du *Conqueror* pour former une variété distincte.

58. *Conspicua.* Variété de Smith.

* 59. *Conspicua arborea*, ou prince de Galles (Wales en anglais) (Catleugh). Arbuste élancé, se ramifiant peu; à feuilles oblongues, d'un vert glauque, ridées. Fleurs rose clair, de 3 centim. et demi. Corolle vermillon; sépales larges et semi-relevés.

* 60. *Constellation* (Miller). Cette superbe variété a été obtenue par M. Miller, horticulteur à Ramsgate, comté de Kent, de graines du *corymbiflora* fécondées par le *fulgens.* Elle offre tous les caractères du premier de ces deux fuchsia. L'inflorescence est la même, mais la couleur des fleurs est rose tendre; toutefois, les fleurs sont serrées d'une manière plus compacte et forment une plus large grappe.

61. *Cooperi.* Plante buissonnante; feuilles ovales, de moyenne

grandeur. Fleurs rouge cerise foncé, de 4 centim. et demi, à tube mince, sépales longs et semi-redressés. Corolle violacée.

62. *Cordifolia* ou *cordata* (Hartweg). Cette espèce botanique s'élève de 1 à 2 mètres. Feuilles en cœur, de 8 centim. sur 6, d'un vert jaunâtre. Fleurs axillaires, en tubes allongés comme le *fulgens*, rose saumoné, sépales d'un beau vert, corolle verdâtre. Ce fuchsia, fort élégant, fleurit en mars; il demande de la chaleur pour donner une belle fleuraison.

*63. *Cormacki* (Cormack). Variété à très-grand feuillage, arrondi, de 11 centim. sur 9, couvert d'un léger duvet. Fleurs carmin nuancé de vermillon, de 5 centim., à gros et long tube, terminé par de larges et courts sépales, remarquables par la fraîcheur de leur coloris.

64. *Coronet* (en français couronne de Seigneur). Nouveauté de Smith.

*65. *Corymbiflora*. Espèce botanique trouvée au Pérou, dans les forêts ombragées, autour de Cinchao et de Muna. Arbre s'élevant de 2 à 3 mètres et même jusqu'à 4 mètres. Grand et beau feuillage de 20 centim. sur 10, à nervure médiane rose violacé. Fleurs rouge cerise foncé de 8 centim., sépales étroits se redressant entièrement à la fin de la fleuraison. Pétales de la corolle ovales-oblongs, de la même nuance que le tube, séparés les uns des autres. Elles sont disposées en grappes qui s'allongent successivement de plus de 30 centim. Fruits longs, en baie arrondie de 2 cent., d'un goût fade et doucereux sous notre climat. Néanmoins on le sert sur table en Angleterre. Plante magnifique et d'un grand effet.

66. *Crageana*. Feuilles ovales, aiguës, à pétioles violacés, de moyenne grandeur. Fleurs rouge cerise foncé, de 8 centim. 1/2, à tube court, sépales larges, ouverts. Corolle d'un bleu violacé.

67. *Curtisi*. Feuilles ovales, lancéolées, aiguës, d'un vert clair. Fleurs cramoisi brillant, à tube court et mince. Sépales très-longs, écartés. Corolle d'un bleu violacé.

68. *Cylindrica*. Inconnu.

*69. *Dalstonia* (Smith). Plante peu élevée. Feuilles ovales, de moyenne dimension. Fleurs de 3 centim. et demi, rose vif nuancé de vermillon, sépales pendants, à pointes vertes. Nuance à peu près semblable au *blanda*, mais le feuillage est plus petit, ses fleurs sont moins colorées et le tube plus mince. Cette variété a pris le nom de la résidence de M. Smith.

70. *Decora*. Nouveauté de M. Smith, de Dalston.

71. *Decussata*. Espèce botanique trouvée au Pérou, dans des lieux

ombragés et humides, prés Muna. Rameaux légèrement pubescents. Feuilles lancéolées pubescentes des deux côtés. Calice rose pourpré. Corolle rouge.

*72. *Défiance.* Mot anglais qui signifie DÉFI (Smith). Bel hybride, à grand feuillage. Fleurs de 5 centim., à gros tubes, larges sépales égalant en longueur la partie tubulée. Elles sont d'un coloris cramoisi remarquable par leur éclat.

*73. *Delicata* ou *Towardi* (Standish). Ce fuchsia donne des fleurs en telle profusion, à l'extrémité de chacune de ses branches, qu'il s'épuise facilement et offre peu de ressources pour la multiplication. Son feuillage est petit, d'un vert pâle. Fleurs rose saumoné, de 4 centim., corolle rouge vermillon, charmantes de coloris; elles ont quelque ressemblance avec celles de l'*aurantia.*

*74. *Dennisia* (Dennis). Feuillage d'un vert jaunâtre, ayant de l'analogie avec celui du *conspicua arborea.* Fleurs élégantes, à tube court, blanc rosé; la corolle est cerise nuancé de vermillon. Sépales larges et écartés.

75. *Denticulata.* Espèce botanique découverte au Pérou, dans les roches, autour de Huassa et Chenchin, où elle est appelée *mollo cantu*, c'est-à-dire plante superbe (formosa). Feuilles 3-verticillées, oblongues, lancéolées, acuminées. Fleurs pourpres, nutantes.

76. *Desdemona* (Harrison) Voici la description que cet horticulteur en donne: tube et sépales d'une belle couleur pêche, corolle pêche rosé, sépales horizontaux. Belle variété.

77. *Devonia.* Feuillage dans le genre de celui du *G. Smithii.* Rameaux violacés. Fleurs rouge cerise vif, de 3 centim. et demi, à tube mince; sépales étroits et ouverts. Corolle violacée.

78. *Dicksoni* (Dickson). Fuchsia très-nain et florifère, ses rameaux s'étendent horizontalement. Petit feuillage ovale, d'un vert foncé. Fleurs cramoisi foncé, à tubes minces, de 4 centim., sépales étroits et relevés.

79. DIOMÈDE. Variété provenant des cultures de M. Harrison.

80. *Discolor* (Lindley). Espèce botanique rencontrée au Pérou. Feuilles ternées, à longs pétioles, ovales, lancéolées, luisantes, à fleurs très-longues.

*81. DOCTEUR NOBLE. Hybride très-vigoureux, d'un port élevé, florifère. Feuilles d'un vert jaunâtre, pubescentes, de 7 centim. sur 4. Fleurs de 3 centim., d'un coloris vif, cramoisi foncé, ressemblant à la nuance du *F. météore*. Le tube de la fleur est court et renflé, sépales longs, étroits et relevés.

82. Duc de Wellington. Nouveauté anglaise de Epss.

83. Duchesse de Glocester (Standish). Variété à petites feuilles étroites, allongées. Fleurs de 3 centim. et demi, rouge cerise violacé, à tube grêle; sépales larges, étroits et semi-redressés. Corolle large, d'un rouge violacé.

*84. Éclipse (Smith). Le feuillage ressemble à celui du *globosa speciosa*. Fleurs longues de 5 centim., à larges sépales semi-redressés, d'un cramoisi foncé brillant; on dirait qu'elles sont vernissées comme celles du *Smithii*. Superbe variété. Ce fuchsia, au premier aspect, semble être le même que le *nobilissima*. Mais ce dernier a le feuillage plus arrondi et ses fleurs sont d'une nuance un peu moins vive.

*85. *Edwarsi* (Salter). Cette belle variété tend à s'élever. Feuillage de 8 centim. sur 5. Fleurs de 4 centim. et demi, à gros tube, pourpre cramoisi clair, sépales semi-redressés, d'une dimension égale à celle du tube calicinal. Corolle rouge violacé.

86. *Elegans*. Plante élevée, à petit feuillage. Nous n'en connaissons pas la fleur.

87. *Élegans superba*. Port peu élevé. Feuillage d'un vert jaunâtre. Fleurs de 3 centim. et demi, cramoisi clair, à tube court, sépales larges et à peine ouverts.

88. *Elvira*. Voyez *insignis* et *magnifica*.

89. Emeline. Plante florifère. Feuilles de 6 centim. sur 4. Fleurs de 4 centim., à gros tube, cerise foncé, sépales plus clairs, longs et relevés. Corolle rouge violacé.

90. Émilie. Petit feuillage ovale acuminé. Petites fleurs cramoisies de 4 centim., à tube mince, sépales étroits, relevés et plus longs que le tube.

91. *Emperor chinensis*. Nouveauté anglaise de Busby.

92. *Emperor*. Ancienne variété à petit feuillage, s'élevant peu. Fleurs de 4 centim., rouge cerise brillant, à tube mince, sépales horizontaux. Corolle violacée.

*93. Enchanteresse (Harrison). Plante branchue, très-multiflore, feuilles ovales allongées, de 6 centim. sur 3, d'un vert jaunâtre. Fleurs d'une jolie nuance rose vermillonné, de 3 centim et demi, sépales de même longueur que le tube, à pointes vertes. Corolle cerise vermillon.

94. ENCHANTERESSE (Smith). Si la plante que nous avons sous les yeux est bien le F. enchanteresse de Smith, ce titre serait d'une exagération inouïe, car cette plante est véritablement médiocre. Ses fleurs rouge cerise, de 3 centim. et demi, ont un tube mince, à sépales étroits et redressés. Feuillage d'un vert sombre. Rameaux et nervures des feuilles violacés.

*95. *Epsii* (Epss). Superbe variété élevée, branchue, à feuilles de 6 centim. sur 4. Fleurs de 5 centim., cerise violacé, à gros tube, sépales larges et bien ouverts. Corolle violacée.

96. *Erecta.* Le mot fuchsia, en latin, étant du genre féminin, on ne doit pas dire *erectum*, ainsi que le portent tous les catalogues. Les fleurs de cette variété sont petites, de 3 centim., d'un coloris sombre, pourpre cramoisi foncé. Corolle rouge violacée. Variété multiflore et très-méritante sous ce rapport.

97. *Espartero.* Variété nouvelle d'Angleterre, de Knight.

*98. *Excelsa.* Belle variété, florifère, à feuilles de 7 centim. sur 4. Fleurs cerise à corolle rouge violacée, de 4 centim. et demi. Sépales larges et ouverts. Ce fuchsia ressemble à *Clio* et à *macnabiana.*

99. *Excorticata.* Espèce botanique découverte, en 1821, dans la Nouvelle-Zélande ; à feuilles ovales, lancéolées, acuminées, dentées. Fleurs petites, verdâtres, bizarres par leur couleur, et n'offrant aucun attrait pour l'horticulteur.

100. *Eximia.* Feuilles oblongues, d'un vert foncé, à nervures violacées. Fleurs petites, de 3 centim., d'une belle nuance cramoisi clair, sépales larges, relevés, d'une longueur égale au tube.

101. *Expensa.* Nouveauté de Smith.

*102. *Exoniensis* (Lucombe et Pince d'Exeter). Ce superbe hybride a été figuré dans le n° d'août 1843 de l'ouvrage de Paxton. Son habitude est élevée ; bois, pétioles et nervures des feuilles violacés. Feuillage de 7 centim. sur 4. Fleurs cramoisi vif, de 5 centim., à tube court ; sépales larges, deux fois plus longs que le tube, relevés à la chinoise. Corolle ample, d'un joli bleu violacé.

103. *Exquisita.* Variété médiocre, à petit feuillage et à petites fleurs.

104. *Fayri*, FÉE (Harrison). Plante branchue, peu élevée. Feuilles ovales, de 6 centim. sur 4, couvertes d'un léger duvet. Fleurs rose saumoné, de 4 centim. et demi, à tube mince, sépales pendants. Corolle rose vermillon.

105. *Fama.* Variété de Harrison.

*106. *Flora*. Charmante variété, florifère, à petit feuillage. Fleurs de 4 centim., d'une jolie nuance cerise foncé. Elles offrent cette particularité que souvent les sépales sont au nombre de 6 à 8, et que la corolle est double.

107. FLORENCE (Harrison). Nouvel hybride à fleurs d'un rose vif et délicat. Sépales fortement bordés de vert, horizontaux; corolle violet cramoisi.

108. *Floribunda* (Dickson). Petit feuillage; fleurs de 4 centim., à tube mince et court, rouge nuancé; sépales étroits, allongés et redressés, d'une nuance plus claire, à pointes verdâtres. Corolle large, violacée.

109. *Floribunda magna* (May). Hybride d'un port élevé, à large feuillage. Fleurs d'un joli coloris, cramoisi clair vermillonné, de 5 centim. Sépales larges et entre ouverts. Ne fleurissant qu'à l'extrémité des rameaux et peu abondamment, il justifie assez mal sa dénomination.

110. *Forget me not*, SOUVENEZ-VOUS DE MOI (Salter). Feuilles larges arrondies; fleurs de 4 centim. et demi, rouge cerise foncé, à tube mince, sépales pendants.

*111. *Formosa* (Harrison). Port élancé. Feuillage étroit et allongé. Fleurs de 5 centim. au moins, d'un coloris rosé, à sépales larges et pendants, dont la longueur égale celle du tube. Corolle cramoisi violacé. Florifère. Ressemble au *F. pulcherrima superba*.

*112. *Frostii* (Lane). Port élevé. Large feuillage de 10 centim. sur 6. Fleurs d'une jolie nuance rouge cerise foncé, de 5 centim., à long et gros tube. Sépales courts et larges. Corolle vermillon violacé.

*113. *Fulgens* (Sesse). Superbe espèce découverte au Mexique en 1838. Tige rameuse, feuilles d'un vert jaunâtre, opposées, cordiformes, ovales, acuminées, glabres, de 14 centim. sur 9 environ. Fleurs en grappes pendantes, à longs tubes, rouge vermillon clair. Corolle vermillon foncé.

114. *Fulgens arborea grandiflora*. Feuilles de 10 centim. sur 6, d'un vert jaunâtre. On assure que les fleurs sont longues de 12 centim.

*115. *Fulgens d'Arck*. Même port que le *fulgens*, feuillage plus foncé, les nervures lui donnant une teinte violacée. Fleurs cramoisi éclatant, à sépales courts, plus larges que ceux du *fulgens*. Variété remarquable par le beau coloris de ses fleurs.

116. *Fulgens d'Hartweg*. Ce fuchsia se ramifie moins que le *fulgens* et s'élève davantage. Il a un grand et beau feuillage; ses feuilles sont

jaunâtres, ridées, de 14 centim. sur 8. Fleurs en grappes, à longs tubes, d'un rouge vermillon clair, sépales verts. Elles n'apparaissent qu'à l'extrémité des rameaux et en épis très-compacts.

117. *Fulgens longiflora* (Freestone). Feuilles d'un vert jaunâtre, de 10 centim. sur 5 et demi. Pétiole et nervures violacées, ce qui donne au feuillage un reflet de cette nuance. Fleurs inconnues.

*118. *Fulgens splendida*. Port du *fulgens*. Même inflorescence. Feuilles légèrement pubescentes, à pétioles et nervures violacés. Fleurs du même coloris que le *F. d'Arck*, mais leur tube est plus mince, les sépales plus étroits et sont plus colorés à l'extérieur. Les pétales de la corolle sont aussi plus ronds.

119. *Fulgida* ou *multiflora*. Feuilles larges, arrondies. Fleurs rouge cerise foncé, de 4 centim. et demi, tube mince, sépales étroits et ouverts. Corolle rouge violacé. Dans quelques collections, ce fuchsia existe encore sous le nom de *fulgens multiflora*, dénomination vicieuse.

120. *Gem* (Harrison). Feuilles grandes, ovales-oblongues, d'un vert jaunâtre. Fleurs rouge cerise, de 4 centim., à tube mince et court; sépales étroits, longs et redressés. Corolle rouge violacé. Variété médiocre et peu en harmonie avec sa dénomination pompeuse. *Gem* veut dire pierre précieuse.

*121. *Gem superba*. Pour éviter l'alliance d'un mot anglais avec un mot latin, on devrait dire *Gemma superba*. Variété floriféré, superbe. Habitude élevée. Feuilles arrondies, de 8 centim. sur 6. Fleurs de 4 centim. et demi, d'une jolie nuance rouge cerise foncé; sépales plus courts que le tube calicinal, ouverts. Corolle rouge violacé. On donne encore à cette variété le nom de *Gem ivery*.

122. Géraldine. Feuilles de 8 centim. sur 6. Fleurs de 4 centim., cramoisi foncé, tube assez gros, sépales relevés d'une longueur égale au tube. Assez florifère.

*123. *Giantess*, géante (Salter). C'est une très-belle plante, d'un port élevé, à grand et beau feuillage d'un vert pâle. Fleurs de 6 centim., portées par des pédoncules de même longueur, d'une jolie nuance cramoisi clair; le tube a les sépales larges et ouverts. Corolle rouge violacé. Ce fuchsia, par sa taille et la dimension de ses fleurs, justifie assez bien sa dénomination de *géant*.

124. *Gigantea*, géant. Nouveauté anglaise de Smith, de Dalston.

125. *Globosa* (Lindley). Espèce botanique découverte au Pérou. Arbuste peu élevé, à rameaux diffus, pendants. Feuilles ovales, lancéolées, dentées, glabres, d'un vert foncé. Fleurs axillaires géminées

ou ternées, à tube globuleux très-petit, d'un rouge cerise foncé; sépales larges et ouverts. Corolle bleu violacé.

126. *Globosa coccinea.* Nouveauté de Girling.

127. *Globosa longiflora* (Harrison). Voici la description de cette variété donnée par l'inventeur : fleurs cramoisi rosé, à tube long de 25 millim., corolle d'un beau violet pourpré. Floraison facile. Le plus joli des globuleux. Cette description est en contradiction avec la dénomination de ce fuchsia; en effet, il est difficile de concevoir un *F. globosa*, ou fleur en forme de globe, avec un tube qui aurait de 3 à 4 centim.

128. *Globosa rosæa.* Fuchsia branchu, à petit feuillage d'un vert jaunâtre. Fleurs globuleuses, petites, à calice rose et corolle bleue. Peu florifère.

*129. *Globosa Smithii.* Ancienne et belle variété, buissonnante, à rameaux diffus et pendants. Feuillage analogue à celui du *globosa*, toutefois un peu plus grand. Fleurs globuleuses, d'un brillant coloris rouge cramoisi, comme vernissé, fleuraison abondante et de longue durée.

130. *Globosa speciosa.* Feuilles fortement dentées, plus larges que celles du *G. Smithii.* Fleurs peu abondantes, cerise foncé, de petite dimension. Peu florifère.

131. *Globosa variegata.* Variété médiocre et qui n'offre d'autre attrait que celui des jolies panachures jaunes de son feuillage. Fleurs semblables à celles du globosa, d'un rouge cerise moins vif.

132. *Goldfinch* (Harrison). Le F. CHARDONNERET aurait, suivant son inventeur, les fleurs rouge orangé, sépales bordés de jaune vert, relevés et laissant voir entièrement la corolle, qui est écarlate vermeil. Belle variété, distincte.

*133. GLORIOT (Salter). Plante très-florifère, à grand feuillage. Fleurs de 5 centim. et plus, à longs et gros tubes, blanc rosé et vermillon, dans le genre du *conspicua arborea*, mais plus foncé; sépales larges et semi-redressés, à pointes vertes. Très-belle variété.

134. *Gracilis* (Lindley). Espèce botanique découverte au Mexique en 1822. Arbuste très-rameux, multiflore, à petites feuilles glabres, tenues par de longs pétioles. Fleurs rouge cocciné, corolle pourpre. Lindley indique le *F. multiflora* comme une variété du *gracilis*.

*135. *Grandissima.* Port élevé. Feuillage large, arrondi. Fleurs de 4 centim. et demi, cramoisi foncé, sépales larges et pendants, égaux au tube. Corolle rouge violacé. Belle variété, dénommée dans nos catalogues français par le barbarisme *grandidissima*.

136. *Grandiflora*. Arbuste élevé, branchu, à petit feuillage. Cette variété, qui se recommande par le joli coloris de ses fleurs, a pu mériter autrefois sa dénomination par opposition aux *microphylla*, mais à présent, en présence des nouveaux hybrides, jamais dénomination n'est devenue plus impropre.

137. *Grandiflora maxima*. Plante élevée. Feuillage d'un vert jaunâtre, ovales, acuminées, dentées, de 7 centim. sur 5. Fleur pourpre cramoisi, de 4 centim. et demi, tenue par de longs pédoncules, sépales pendants et peu ouverts. Corolle rouge violacé.

138. *Grenvilli*. Variété assez florifère, d'une hauteur moyenne. Tige et branches d'un rouge violacé. Feuilles ovales, à nervures violacées, d'un vert foncé. Fleurs de 3 centim. et demi, cramoisi clair, à tube gros. Sépales larges, courts et relevés.

* 139. Hébé (Standish). Feuilles de 7 centim. sur 5, d'un vert jaunâtre, ovales-oblongues, aiguës. Rameaux violacés. Belles fleurs, cramoisi clair, à gros tube, longues de 4 centim. et demi, sépales larges et pendants. Corolle rouge violacé.

140. Hector. Nouveauté de Smith.

*141. *Hertfordensis*. Arbuste élevé. Feuilles ovales, aiguës, de 5 centim. sur 3. Fleurs rouge cramoisi, de 3 centim. et demi à 4. sépales pendants. Corolle pourprée. Cette variété se recommande par l brillant coloris et l'abondance de ses fleurs.

142. *Héros*. Nouveauté de Smith.

143. Héros de Suffolk. Nouveauté de Girling.

144. *Hirtella*. Espèce botanique découverte dans la Nouvelle-Grenade. Rameaux velus. Feuilles oblongues, lancéolées, acuminées, velues de chaque côté. A longues fleurs, étamines saillantes.

145. *Hopveri*. Variété d'Hopver.

146. Hortense. Variété de Harrison.

147. *Hutchinsonia*. Variété d'Hutchinson.

148. *Hypericifolia*. Plante naine, formant le buisson, à petit feuillage, dans le genre de celui du *coccinea*, vert foncé, à nervures violacées. Fleurs cramoisi foncé, à tube très-court. Sépales larges et très-longs, dégageant la corolle, bleue violacée.

149. *Ignescens major*. Feuilles de 8 centim. sur 4, oblongues, lancéolées, acuminées, à nervures violacées. Fleurs cramoisi foncé,

de 5 centim., à tube aplati et court, tenues par de longs pédoncules. Sépales larges, deux fois plus longs que le tube, horizontaux. Corolle violacée.

150. *Ilicifolia.* Variété de Smith.

151. *Incarnata.* Nouveauté de Smith.

*152. INCOMPARABLE. Port élevé. Feuilles de 7 centim. sur 5, ovales, dentées. Fleurs de 4 centim., pourpre cramoisi foncé, tube assez gros. Sépales larges et pendants. Corolle cramoisi violacé.

153. *Inflata fulgida.* Feuilles ovales, d'un vert clair, de 7 centim. sur 4. Fleurs cerise de 2 centim., à tube mince. Sépales égaux au calice. Corolle rouge vermillon.

*154. *Insignis*, ou *magnifica*, ou *Elvira* (Smith). Feuilles d'un vert jaunâtre, oblongues, de 6 centim. sur 3 et demi. Fleurs cramoisi clair, de 3 centim., à tube assez gros. Sépales courts et larges. Corolle rouge violacée. Belle variété, remarquable par le beau coloris de ses fleurs.

155. *Integrifolia.* Espèce botanique découverte au Brésil, distincte de l'*affinis*, qui porte aussi ce nom. Feuilles ternées ou quaternées, oblongues, aiguës, glabres.

*156. INVINCIBLE (Smith). Arbuste rameux et florifère. Feuilles de 6 centim. sur 4. Fleurs cramoisi clair, à tube assez gros; sépales larges et courts. Belle variété.

157. *Isabella.* Nouveauté de Salter, de Versailles.

*158. *Iveryana* (Ivery). Feuilles ovales, arrondies. Fleurs tenues par de courts pédoncules, longues de 3 centim. et demi, à gros tubes, rouge cerise foncé, d'un coloris brillant. Sépales larges, semi-relevés. Corolle violacée.

159. *Kentish bride* (la fiancée de Kent). Nouveauté anglaise de Busby.

160. *Kentish hero* (le héros de Kent). Nouveauté de Epss.

161. *King* (le roi). Nouveauté de Youell.

*162. *Lanei* (Lane). Bel hybride, d'un port élancé. Feuilles grandes, ovales-oblongues, acuminées, à nervures violacées. Fleurs cerise foncé, de 4 centim., à gros tube, sépales larges et très-ouverts, la pointe tournée en bas. Paxton en a donné une belle gravure.

*163. LE CHINOIS (Salter). Feuilles ovales, de 7 centim. sur 5. Fleurs très-grosses, de 4 centim., pourpre cramoisi foncé. Sépales larges, égaux au tube calicinal, relevés à la chinoise. Corolle large, rouge violacé, étamines peu saillantes. C'est une magnifique variété, dont les fleurs surpassent en grosseur celles de tous les autres hybrides.

164. *Longiflora hybrida.* Variété peu élevée. Feuilles de 5 centim. sur 3 et demi, d'un vert foncé teinté de violet, couvertes d'un duvet blanchâtre. Fleurs d'un rouge terne, de 5 centim., tube mince, sépales du calice étroits et relevés.

165. *Longiflora elegans.* Variété à feuilles ovales, oblongues, aiguës, de 7 à 8 centim. sur 3 environ. Fleurs rouge cerise clair, de 3 centim. et demi ; tube mince, sépales larges, écartés. Corolle rouge vermillon violacé. Elles ont quelque ressemblance avec les fleurs de l'*hertfordensis.*

166. *Loudoniana.* Feuillage moyen, fleurs cerise très-foncé, de 4 centim. et demi, à tube mince, sépales étroits et à demi-ouverts.

167. *Louisa.* Petit feuillage. Fleurs d'un beau coloris cerise foncé, de 4 centim., sépales semi-relevés. Corolle rouge vermillon violacé.

*168. *Lowryi* (Hancock). Plante touffue, à bois violacé. Feuilles oblongues, ovales, acuminées, très-dentées, à nervures violacées. Fleurs cramoisi clair, tenues par de longs pédoncules, à tube mince et court, sépales larges et deux fois plus longs que le tube. Corolle bleue. Élégante variété.

169. *Loxencis.* Espèce botanique découverte à la Nouvelle-Grenade. Rameaux velus, feuilles ternées, oblongues, elliptiques et lancéolées. Calice pourpre. Corolle rouge.

170. *Lycioïdes.* Espèce trouvée au Chili en 1796.

*171. *Macnabiana.* Belle variété, multiflore, à grand feuillage. Fleurs de 4 centim., à gros tube, rouge cerise foncé. Sépales à demi-relevés. Corolle rouge violacé. Ce fuchsia, par son coloris et la forme de ses fleurs, se rapproche beaucoup des *F. Clio* et *excelsa.*

172. *Macrostemma.* Espèce botanique trouvée au Chili. Rameaux glabres. Feuilles verticillées-ternées, ovales, acuminées, dentées. Calice rouge coccinė. Corolle bleue. On en connaît une variété sous le nom de *tenella.*

173. MADAME DE POMPADOUR. Plante florifère, à feuillage moyen. Fleurs de 4 centim. environ, d'une jolie nuance rouge cerise, sépales moins foncés, à pointes verdâtres.

174. *Madonna* (Harrison). Fleurs blanc rosé, sépales bordés d'un vert vif. Corolle d'un pourpre rosé remarquable.

175. MAGICIEN SUPRÊME. Nouveauté anglaise de Bell.

176. *Magnificens.* Arbuste élevé, peu branchu, à petit feuillage.

Rameaux et nervures des feuilles violacés. Fleurs à tube court, cramoisi brillant, à longs sépales. Corolle bleue. Peu florifère. Il paraît que sous ce nom il existe une autre variété de Bell.

177. ***Magnifica.*** Voyez ***Insignis.***

178. ***Majestica.*** Ancienne variété buissonnante; à feuilles ovales, moyennes; fleurs d'une jolie nuance rouge cerise. Corolle rouge vermillon. Méd.

*179. ***Majestica nova*** (Smith). Port élevé. Large feuillage, ovale, de 7 centim. sur 5; fleurs rouge cerise, de 4 centim. et demi, sépales larges et relevés, d'une longueur égale au tube. Corolle rouge violacé. Très-belle variété, florifère. Ressemble à VICTORINE.

180. ***Manglesi.*** Nouveauté de Smith.

181. ***Maria.*** Nouveauté de Epss.

182. ***Maynei.*** Variété de Mayne.

183. ***Mexicana.*** Cette espèce botanique, récemment introduite et non décrite par les auteurs, a un port bien distinct des autres fuchsia et qui offre beaucoup d'analogie avec le *gardoquia multiflora*. Plante naine. Rameaux, pétioles et nervures des feuilles violacés. Feuilles petites, ovales, maculées de rouge, non dentées, à longs pétioles. Fleurs petites, d'un centim., comme celles des *microphylla*, à tube mince et court, rouge cerise vif, à sépales peu apparents, non ouverts, dégageant à peine la corolle, qui est d'un blanc pur, passant ensuite au rose.

*184. ***Middletonia.*** Port élevé. Feuillage large, arrondi, de 6 centim. sur 3 et demi. Fleurs d'une belle nuance rouge pourprée, à tube gros et court. Sépales larges, relevés et d'une longueur égale au tube. Corolle violacée. Ce fuchsia a de la ressemblance avec *paragon*.

*185. ***Miss Tadfourd*** (Salter). Plante à large feuillage. Fleurs d'une jolie nuance cerise clair, de 6 centim. environ. Sépales larges et pendants, égaux en longueur au tube.

*186. MÉTÉORE (Harrison). Variété florifère, d'un bel effet par le brillant coloris de ses fleurs. Bois violacé, ainsi que les nervures des feuilles; celles-ci sont ovales, lancéolées, d'un vert clair. Fleurs de 4 centim., cramoisi foncé brillant, à tube mince, sépales étroits, ouverts. Corolle cramoisi violacé.

*187. ***Mirabel*** (Salter). Feuillage arrondi, de 6 centim. sur 4 et demi. Fleurs cerise clair, de 4 centim., sépales larges et plus longs que le tube, à pointes vertes. Corolle violacée. Florifère.

*188. ***Mirabilis*** (Smith). Plante naine, touffue, à rameaux violacés,

Feuilles ridées, moyennes, ovales-oblongues, d'un vert foncé. Fleurs rouge cerise, de 3 centim. à peine, tube court, sépales redressés. Corolle violacée. Plante multiflore et jolie.

189. ***Modesta.*** Nouveauté de Smith.

190. Monarque. Plante en buisson. Feuilles petites, ovales, d'un vert tendre. Fleurs rose vif. Sépales étroits, longs et semi-relevés. Corolle violacée. Variété peu méritante.

191. ***Montana.*** Espèce botanique découverte au Brésil. Feuilles verticillées par trois, oblongues, acuminées, dentées. Corolle violacée.

*192. ***Money-penny*** (Todd). Belle variété, multiflore. Branchue, feuilles de 7 centim. sur 4. Fleurs de 4 centim. et demi, rouge cerise, à tube assez gros. Sépales ouverts, d'une nuance plus claire que le tube. Corolle violacée.

193. ***Monitor.*** Extrait du catalogue de *Harrison.*

194. ***Multiflora erecta.*** Jolie variété, naine, multiflore, à petit feuillage; se couvrant de jolies petites fleurs, cerise foncé, tenues par des pédoncules courts et roides. Corolle violacée.

195. ***Microphylla.*** Espèce botanique trouvée en 1827, au Mexique. Plante à petites feuilles, ovales, dentées. Fleurs rose cerise, à petit tube, sépales courts, non ouverts et enveloppant la corolle. Étamines non saillantes.

196. ***Microphylla major.*** Cette variété ne diffère de l'espèce que par ses fleurs, qui sont un peu plus fortes, et son feuillage plus grand.

197. ***Microphylla reflexa.*** Feuillage plus jaunâtre et moins denté. Fleurs plus petites que le *microphylla*, d'un rose cerise moins vif. Sépales réfléchis.

198. ***Mutabilis.*** Ancienne variété.

199. ***Neptune.*** Nouveauté de Smith.

200. ***Newingtonia.*** Inconnu.

201. ***Nobilis.*** Variété de Dean.

*202 ***Nobilissima.*** Très-belle variété. Feuilles grandes, ovales, allongées, d'un vert jaunâtre. Fleurs cramoisi carminé d'un coloris brillant, de 4 centim. et demi. Sépales larges, écartés, plus longs que le calice. Corolle rouge violacé, à pétales longs et roulés.

203. ***Orb***, sphère. Variété de Thew.

204. Oreste. Nouveauté de Salter, dont les fleurs ne nous sont pas encore connues.

205. *Ovalis*. Espèce botanique trouvée dans les forêts du Pérou, autour de Muna. Feuilles ovales, dentées, acuminées, pubescentes. Fleurs pourprées, courtes.

*206. *Pamela*. Port élevé. Feuilles ovales, semblables à celles du *grandiflora maxima*. Fleurs rouge cerise foncé, tube mince, sépales pendants. Corolle rouge violacé.

*207. *Paragon* (chef-d'œuvre). Hybride élevé. Feuilles ovales, acuminées, fortement dentées, de 7 centim. sur 5. Fleurs cramoisi foncé brillant, de 4 centim., à gros tube. Sépales larges, horizontaux. Corolle violacée. Ce fuchsia, par son coloris, se rapproche de *Walner* et de *Syrius*.

208. *Parviflora* (Lind. D. C.). Espèce botanique trouvée en 1824, au Mexique. Feuilles ovales, cordiformes. Lobes du calice réfléchis. Petites fleurs pourprées.

209. *Patens*. Nous désignons sous ce nom un fuchsia que nous avons remarqué au jardin des plantes d'Orléans, et qui a été surnommé *à pétales détachés*, à cause de la corolle, dont les pétales sont ouverts et séparés les uns des autres. Plante à rameaux divergents et pendants. Feuilles ovales, acuminées, très-dentées. Fleurs à tube court et arrondi, cerise foncé, sépales allongés. Corolle bleuâtre.

210. *Pearl*, perle (Harrison). Variété nouvelle ainsi décrite : fleurs d'un blanc carné, tenant de la cire, sépales horizontaux, blanc pur. Corolle rubis pâle rosé.

*211. *Pendula terminalis* (May). Variété connue aussi sous le nom de Mayi. Plante d'une hauteur moyenne. Feuilles à nervures violacées. Fleurs d'un beau cramoisi pourpré, à sépales pendants.

212. *Persicifolia*. Cette variété ne nous est pas connue.

213. *Petiolaris*. Espèce botanique découverte à *Santa-Fé di Bogota*. Feuilles glabres, à longs pétioles, oblongues, lancéolées, acuminées; à longues fleurs.

214. *Phœnix* (Harrison). Feuilles moyennes. Fleurs de 4 centim., à tubes minces, rouge cerise foncé, sépales redressés. Corolle rouge violacé. Médiocre.

215. Philippar. Plante de M. Salter et qui m'est inconnue.

216. Pirolle (Salter). Plante très-florifère. Feuilles de 7 centim. sur 4. Fleurs cerise clair, à tube renflé, sépales horizontaux à pointes vertes. Corolle rouge violacé.

217. *Prima Donna* (Harrison). Il le décrit ainsi. Fleurs d'un rouge semblable à la fleur du citronnier. Sépales bordés d'un vert jaunâtre et réfléchis. Corolle orangé vif, au centre des pétales, se modifiant successivement jusqu'au limbe en cramoisi vermeil foncé. Plante vigoureuse et fleurissant facilement.

218. Président. Nouveauté de *Standish*, figurée dans le n° de mars du Magasin de Botanique de Paxton.

219. Prince Albert. Nouveauté de *Brown*.

220. Prince de Galles (Busby), en anglais *Prince of Wales*. Cette variété est nouvelle, il ne faut pas la confondre avec le *F. conspicua arborea*.

221. Prince de Galles. Autre nouveauté de Bell, sous le même nom.

222. Princesse royale. *Idem* de Bell.

* 223. Princesse de Joinville (Salter). Belle variété, très-florifère, obtenue par Salter. Feuilles de 7 centim. sur 4 1/2. Fleurs rose clair, de 6 centim., tube d'une grosseur moyenne, sépales demi-ouverts, à pointes vertes.

* 224. *Princeps* (Smith). Élégante variété. Port peu élevé. Feuilles assez grandes, d'un vert foncé, ovales, acuminées, à nervures saillantes. Fleurs de 3 centim. 1/2, à gros tube court, cerise foncé, sépales réfléchis. Corolle cerise violacé.

225. *Procumbens* (Rich.). Espèce botanique découverte à la Nouvelle-Zélande. Tige élevée. Feuilles alternes, à longs pétioles, larges, elliptiques obtuses, cordiformes. Calice à lobes réfléchis. Fleurs courtes, à calice verdâtre, corolle jaune orangé.

226. *Prostrata*. Variété de *Schofield*.

227. Ptolémée. Variété de Harrison.

228. *Pubescens*. Espèce botanique, trouvée au Brésil. Feuilles verticillées par 3 ou 4, ovales, oblongues, acuminées, dentées, pubescentes. Fleurs à tube court pourpre, corolle violacée. Multiflore.

229. *Pulchella*. Sous ce nom, il paraît qu'il existe deux variétés, l'une de May, l'autre de Smith.

230. *Pulcherrima* (Harrison). Feuillage moyen. Fleurs rouge cerise, de 3 centim. 1/2, à sépales plus courts que le tube. Corolle violacée. Médiocre.

*231. *Pucherrima superba* (Smith). Cette variété est presque identique avec le *formosa*. Le port et le feuillage sont semblables ; seulement la fleur est un peu plus forte et plus colorée.

232. *Pyramidalis.* Variété de Wheeler.

233. *Queen*, LA REINE. Fuchsia coté à un haut prix sur le catalogue de *Harrison*.

* 234. *Queen Victoria* (la reine Victoria) (Smith). Cette variété, dit-on, a excité l'attention générale, lors de son exhibition au jardin de la Société royale de Botanique. C'est une plante vigoureuse, supérieure au *Chandleri*, avec lequel elle offre de la ressemblance. Ses fleurs sont d'une dimension double et d'une couleur plus vive. Elles sont d'un rose tendre, à gros tube. Sepales larges, relevés, à pointes vertes. Corolle singulièrement grande, d'une couleur foncée, pourpre cramoisi. Florifère.

235. *Quinduensis.* Espèce botanique rencontrée dans les Andes de Quinduensis. Feuilles petites, ternées, oblongues, acuminées, dentées, velues en dessus. Longues fleurs.

* 236. *Racemiflora.* Plante touffue, buissonnante. Feuillage moyen, ovale, d'un vert jaunâtre. Fleur rouge cerise, de 4 centim., à tube un peu mince, sépales longs, étroits et pendants. Corolle violacée. Belle variété, remarqnable surtout par l'abondance de ses fleurs.

237. *Racemiflora elegans.* Extrait du catalogue de Harrison; non connue.

* 238. *Racemiflora surpasse.* Ce bel hybride par son port, le coloris, la forme et l'abondance de ses fleurs ressemble beaucoup au *Racemiflora.* Il en diffère par ses feuilles d'un vert plus foncé, cordiformes, acuminées, très-dentées; et par ses fleurs un peu plus grosses et d'un coloris plus vif.

239. *Racemosa.* Espèce botanique observée par le père Plumier à Saint-Domingue et la Nouvelle-Espagne. Feuilles pubescentes, opposées, verticillées, ovales, acuminées, dentées. Fleurs longues, coccinées.

240. *Beartoni.* Port élevé. Bois violacé. Feuilles petites, ovales, à nervures violettes. Fleurs rouge, cramoisi brillant, globuleuses, à petit tube, arrondi. Sépales horizontaux. Corolle d'un bleu violacé.

241. *Red Cross knight* (Salter) (Croix de Chevalier). Feuillage de 7 centim. sur 4. Fleurs courtes de 3 centim. 1/2, d'un coloris foncé, pourpre violeté, dans le genre de celles du *F. Chauvieri*.

242. *Reflexa.* Nouveauté de *Smith*.

243 *Rienzi.* Nouveauté de *Knight*.

244. *Rickardi grandiflora.* Variété de Rickard.

245. *Reidi.* Extrait du catalogue de Harrison.

246. ***Rival-king*** (rival du roi). Nouveauté de ***Schofield***.

* 247. ***Robusta***. Superbe variété. Feuilles de 4 centim., cerise foncé, tube gros et court, sépales horizontaux. Corolle violacée.

248. ***Rogersiana***. Plante vigoureuse, d'un port élevé. Feuilles de 9 centim. sur 6. Fleurs carmin, de 6 centim. Corolle rose vermillon violacé.

249. ***Rosabella*** (Harrison). Fleurs rosées. Sépales bordés d'une teinte plus légère.

250. ***Rosea***. Espèce botanique découverte à Valparaiso. Tige élevée, rameuse. Feuilles fasciculées et alternes, glabres. Fleurs longues.

* 251. ***Rosea alba*** ou *albiflora*, ou ***Bellidifolia***, ou ***Belliana***. Jolie plante, délicate, en buisson. Feuilles ovales, lancéolées, petites, à nervures violacées. Fleurs rosées, à tube court. Sépales écartés. Corolle d'un rose plus vif. Cette variété n'étant pas à fleurs d'un blanc pur, nous avons préféré lui conserver le nom de ***Rosea alba***, comme meilleure dénomination.

* 252. ***Rosea superba***. Variété remarquable par la fraîcheur de son coloris. Port élevé. Feuillage large, d'un vert clair. Fleurs de 6 cent., cerise nuancé de ponceau, sépales larges et pendants, égaux au tube. Corolle vermillon.

253. *Saint-Clare* (Meeben). Feuilles d'un vert pâle, ovales, aiguës, de 8 centim. sur 5. Fleurs tenues par des pédoncules de 7 centim., cerise foncé, de 5 centim. 1/2, à tube mince, sépales larges, entre ouverts, à pointes verdâtres. Corolle rose violacé. Cette belle variété a été obtenue de graines par Meehen, jardinier à Saint-Clare, île de Wight.

* 254. ***Salmona***. Plante peu élevée. Feuilles moyennes, ovales, acuminées, d'un vert clair. Fleurs rose clair, de 3 centim. 1/2. Sépales larges, redressés, à pointes vertes, égaux au tube. Corolle vermillon. Charmante variété.

* 255. ***Salteri*** (Salter). Port élevé. Grand feuillage, arrondi, de 9 centim. sur 7, pubescent. Fleurs cramoisi clair, de 5 centim. 1/2, à tube mince. Sépales larges, ouverts, d'une nuance moins vive que le tube et à pointes vertes. Corolle rouge vermillon violacé.

* 256. ***Sanguinea superba*** (Salter). Superbe hybride. Feuilles arrondies de 5 centim. sur 4, aiguës. Fleurs à gros tube, de 4 centim. 1/2, d'une jolie nuance cramoisi pourpre clair. Sépales larges, courts et ouverts. Corolle vermillon violacé.

257. ***Sanguinolenta***. Feuilles ovales, oblongues, de 8 centim. sur

4 ; souvent tachées de rouge. Fleurs cramoisi foncé, de 4 centim., sépales larges, courts et pendants. Variété médiocre.

258. *Serratifolia.* Espèce botanique observée au Pérou. Feuilles opposées, verticillées, oblongues, pubescentes en dessus. Fleurs longues, rouge cerise. Corolle rose.

259. *Sidmonthi.* Nouveauté de Bartlett.

260. *Simplicicaulis.* Espèce trouvée dans les forêts du Pérou près Muna. Feuilles 4 verticillées, lancéolées. Fleurs longues, pendantes, roses. Corolle pourpre.

261. *Spectabilis* (Harrison). Habitude élevée. Feuilles moyennes, ovales, d'un vert foncé. Fleurs petites, de 3 centim., rouge cerise, à tube court. Sépales étroits, d'une longueur double de celle du tube, pendants. Variété médiocre. Il existe, dit-on, un autre Fuchsia de ce nom provenant de Smith.

262. *Splendens.* Espèce botanique. Feuilles cordiformes, aiguës de 7 centim. sur 5, d'un vert jaunâtre, à nervures saillantes, ce qui les rend comme crépues. Fleurs dans le genre de celles du *cordata*, à tube plus court, comprimé à sa naissance, rose saumoné. Sépales d'un beau vert. Corolle verdâtre.

* 263. *Standishi* (Standish). Arbuste florifère. Feuilles d'un vert foncé de 7 centim. sur 4. Fleurs élégantes, d'un port gracieux, rouge cerise, de 4 centim. 1/2. Sépales larges, plus longs que le tube, semi-relevés. Corolle pourprée, cramoisie.

* 264. *Stanwelliana.* Cette délicieuse variété a une grande analogie avec *Britannia*, elle en diffère par son tube plus court, les sépales moins larges, son coloris moins vif et sa corolle plus bleuâtre. Feuilles ovales, acuminées, très-dentées, de 5 centim. sur 3. Fleurs cerise clair, à tube court et presque globuleux, sépales réfléchis, à la chinoise. Pétales de la corolle larges, ouverts, et d'un joli bleu violacé.

* 265. *Stormonti.* Habitude élevée. Feuilles dans le genre du *globosa*, ovales acuminées dentées. Bois violacé. Fleurs à gros tube, presque globuleuses, d'un beau rouge vernissé comme le *C. Smithii*, d'un volume double. Sépales larges et pendants. Cette variété avait donné peu de fleurs la première année, ce qui l'avait fait considérer comme peu florifère. Cette année les deux sujets que nous possédons sont couverts de fleurs et de gros boutons, qui pendent d'une manière gracieuse et produisent un bel effet.

266. *Stylosa conspicua.* Petites fleurs de 3 centim., à tube mince, cramoisi foncé. Lobes du calice pendants.

* 267. *Stylosa maxima* (May). Port élevé. Beau feuillage de 8 cent.

sur 5, d'un vert jaunâtre. Fleurs cramoisi foncé, de 6 centim., à gros tube, à nervures violacées. Sépales larges et pendants, égaux au tube. Corolle cramoisi violacé.

268. ***Superbe.*** Nouveauté de Matlock.

* 269. ***Syrius.*** Habitude élevée. Feuilles de 7 centim. sur 5, arrondies, d'un vert jaunâtre. Fleurs grosses, rouge cerise violeté, de 4 centim. 1/2. Sépales larges et ouverts. Corolle pourpre violacée. Voyez *Paragon.*

* 270. ***Thibauti*** ou ***Alfredi*** (Salter). Belle variété, d'un port élevé. Grandes feuilles, arrondies, très-dentées, de 7 centim. sur 5. Fleurs à tube gros et court, rouge cerise foncé. Sépales larges et à demi-ouverts. Corolle rouge violacé.

271. ***Thompsoniana.*** Ancienne variété peu méritante.

272. ***Thymifolia*** (DC.). Espèce botanique, découverte en 1824 au Mexique, près de Pazenaro. Feuilles petites, ovales, arrondies, pubescentes en dessus. Fleurs petites, rouges.

*273. ***Toddiana*** (Todd). Variété obtenue de graines par Todd, jardinier du capitaine Moneypenny. La *Revue horticole* en a donné le dessin. Port très-élevé. Feuilles d'un vert clair, de 8 centim. sur 5, fortement dentées. Fleurs rouge cerise foncé, de 7 centim., et plus, à tube court. Sépales en forme de grandes lanières pendants, deux fois plus longues que le calice. Corolle d'un bleu violacé.

* 274. ***Thynea*** ou ***Grandis*** (Thyne). Feuille d'un vert jaunâtre, ovales, de 6 centim. sur 4, nervures saillantes, ce qui les rend comme bosselées. Fleurs cerise foncé brillant, de 5 centim., à tubes minces. Sépales longs et étroits, à demi-ouverts. Corolle rouge violacé.

275. ***Towardi.*** Synonyme du *F. delicata.*

276. ***Transcendant.*** Variété nouvelle de Harrison. Fleurs blanc rosé. Sépales longs et horizontaux. Corolle rubis clair.

* 277. ***Transparens.*** Belle variété multiflore. Feuilles oblongues, de 9 centim. sur 4 à 5. Fleurs d'une jolie nuance rosée, de 5 centim., à tube court et renflé. Sépales longs, à pointes vertes, bien ouverts. Corolle vermillon.

* 278. ***Tricolor*** (Pontey). Charmante variété par le joli coloris de ses fleurs et leur élégance. Feuillage moyen, ovale, acuminé, peu denté, d'un vert pâle. Fleurs rose tendre, tube court. Sépales horizontaux, à pointes vertes. Corolle rose cerise. A moins de compter pour une troisième couleur, le vert de l'extrémité des sépales, qui

est peu apparent, ce Fu.hsia serait improprement appelé *Tricolor*.

279. *Triphylla*. C'est comme nous l'avons dit la première espèce de Fuchsia, observée par Plumier à la fin du XVIIe siècle dans la Nouvelle-Grenade.

280. *Tylleriana*. Variété médiocre, à feuilles rougeâtres, délicate, naine. Petites fleurs, et rares.

* 281. *Una*. Plante buissonnante, à petit feuillage, très-florifère, et dont les fleurs, d'une couleur cerise, sont jolies et vraiment curieuses. Elles ont 3 centim. Sépales plus pâles, à pointes vertes et peu ouverts.

282. Unique. Nouveauté de Croft.

283. *Usheri*. Petit feuillage, arrondi, rougeâtre. Fleurs à tube mince, cramoisi foncé. Sépales tombants. Médiocre.

284. *Vanguard*. C'est-à-dire, Avant-garde. Nouveauté de Harrison. Fleurs carmin pâle. Sépales horizontaux. Corolle pourpre vif rosé. Variété, dit-on, grande et belle.

285. Vénus. Nouveauté du même. Fleurs rose pâle. Sépales horizontaux. Corolle lilas rosé.

* 286 *Venus victrix* (Cripps). Habitude élancée. Petites feuilles dans le genre du *Conica*, ovales, oblongues, d'un vert plus foncé. Fleurs très-élégantes, blanc rosé, à tube arrondi. Sépales redressés. Corolle d'un joli bleu d'abord, passant ensuite au violet.

287. *Venusta* (Harrison). Hybride à petit feuillage de 6 centim. sur 3. Fleurs d'un joli coloris, rouge cerise, de 4 centim., petites, à sépales longs et redressés. Fuchsia étant du genre féminin, on ne peut pas dire Venustum, comme dans certains catalogues.

288. *Venusta*. Espèce botanique, rencontrée à la Nouvelle-Grenade. Arbuste très-élevé, à feuilles longues, de 14 centim. sur 5, glabres, à pétioles violacés. Calice pourpre. Corolle coccinée. La floraison a lieu en hiver.

289. *Vernalis*. Variété de Smith.

290. *Vesta*. Nouveauté de Harrison. Fleurs d'un coloris pêche violacé. Corolle rubis rosé. Il existe une autre variété de Smith sous le même nom.

* 291. *Victoria* (Salter). Feuillage moyen, arrondi. Fleurs à très-gros tube, court, d'un beau rouge foncé. Sépales larges et semi-relevés. Très-belle variété.

292. Victorine. Le Fuchsia, qui nous a été livré sous ce nom, offre

une ressemblance presque parfaite avec le *Majestica nova* et l'*Excelsa*. Ce n'est qu'après un examen attentif qu'on reconnait que le tube est peut-être un peu plus gros et le coloris plus foncé. De telles différences sont trop peu sensibles pour en faire deux variétés distinctes. Est-ce bien le véritable F. Victorine? C'est ce qu'il nous est impossible d'assurer.

293. VULCAIN (Salter). Feuilles de 7 centim. sur 5. Fleurs cramoisi violacé, de 4 centim. 1/2, à tube gros et court, dans le genre du *Chauvieri*.

294. *Warmaldi*. Feuilles ovales, oblongues, aiguës, à pétioles violacés. Fleurs petites, médiocres.

295. *Williamsoni*. Variété extraite du catalogue de Harrison.

296. *Winseri*. Nouveauté anglaise de Bell.

297. *Woodi* (Wood). Port élevé. Feuilles ovales, petites, jaunâtres. Fleurs à tube mince, court, rose. Sépales peu ouverts. Médiocre.

298. WALNER (Jean). Port élancé. Feuilles de 10 centim. sur 7. Fleurs de forte dimension et d'une belle nuance rouge pourpré, de 5 centim. Sépales larges et semi-pendants, plus longs que le calice. Voyez *Paragon*.

299. *Youell* (Youell). Port peu gracieux. Branches diffuses, pendantes. Feuilles ovales, lancéolées, acuminées, d'un vert jaunâtre. Fleurs rouge cerise clair, de 6 centim., à tube mince. Sépales peu ouverts. Corolle rouge vermillon. Il existe une autre variété connue sous le nom de *Viola*, qui lui ressemble tellement, qu'il n'est pas convenable de la classer separément.

300. *Zenobia* (Harrison). Variété éminemment belle, dit le *Floricultural cabinet* Ses fleurs sont d'un laque cramoisi pâle. Sépales bordés de vert et s'étendant horizontalement. Corolle très-grande et d'une couleur éclatante rubis carmin.

LISTE DE CHOIX DE FUCHSIA.

Parmi les variétés précédées d'un astérique, il est encore un choix à faire, et nous croyons utile de donner une liste des plus beaux Fuchsia dignes d'entrer dans une collection d'élite.

Alata.
Albinos.
Audot.
Aurantia.
Aurora.
Brennus.
Britannia.
Champion.
Chandleri.
Chauvieri.
Colossus.
Compacta.
Conqueror.
Conspicua arborea.
Constellation.
Corymbiflora.
Dalstoni.
Défiance.
Dennisiana.
Docteur Noble.
Eclipse.
Enchanteresse de Harrison.
Epsii.
Exoniensis.
Fulgens.
—— d'Arck.
—— splendida.
Gemma superba.
Giantess.
Gloriot.
Insignis.
Lanei.
Le Chinois.
Lowryi.
Macnabiana.
Majestica nova.
Météore.
Mirabel.
Nobilissima.
Princesse de Joinville.
Pulcherrima superba.
Robusta.
Rosea superba.
Sanguinea superba.
Saint-Clare.
Standishi.
Stanwelliana.
Stormonti.
Stylosa maxima.
Thibauti.
Toddiana.
Transparens.
Tricolor.
Una.
Venus Victrix.
Victory.

Nota. Les nouveautés dont le mérite n'a pu encore être apprécié ne figurent pas sur cette liste par ce seul motif.